氢燃料电池汽车控制与开发技术

Control and Development Technologies for Hydrogen Fuel Cell Vehicles

陈 静 肖 纯 著

国防工业出版社

·北京·

内 容 简 介

本书共7章，内容全面覆盖了氢燃料电池汽车的控制技术、开发技术和硬件在环测试方法。作者以提升氢燃料电池汽车的操控平顺性、稳定性和安全性为目标，通过对氢燃料电池汽车进行需求分析，提出并研究了氢燃料电池系统DC/DC变换器控制技术、氢燃料电池系统供气系统控制技术、电机驱动控制与调速技术、基于AutoSAR的控制器开发技术，以及协同控制器的硬件在环(HIL)测试方法；开发了协同控制器原理样机，构建了HIL测试平台，并进行了实例验证。研究结果为氢燃料电池汽车控制理论、技术及其控制器开发创新提供了一定的理论和技术基础。

本书内容系统翔实，为氢燃料电池汽车控制理论、技术及控制器开发提供了创新视角，具有实践指导意义，可供汽车电子与控制、电气工程、控制科学与工程领域的研究生、大学教师，以及从事新能源汽车控制的研究人员参考。

图书在版编目（CIP）数据

氢燃料电池汽车控制与开发技术 / 陈静，肖纯著 . 北京 : 国防工业出版社，2025. 5. -- ISBN 978-7-118-13692-0

Ⅰ. U469.72

中国国家版本馆 CIP 数据核字第 20250QE388 号

※

国防工业出版社出版发行

（北京市海淀区紫竹院南路23号　邮政编码100048）

北京虎彩文化传播有限公司印刷

新华书店经售

*

开本 710×1000　1/16　印张 8¾　字数 144 千字

2025年5月第1版第1次印刷　印数 1—1000 册　定价 88.00 元

国防书店：(010) 88540777　　书店传真：(010) 88540776

发行业务：(010) 88540717　　发行传真：(010) 88540762

序

本书是佛山仙湖实验室成立五周年的部分研究成果的展现。佛山仙湖实验室由武汉理工大学与广东省佛山市及南海区合作共建，是广东省重点建设的省实验室、经国家能源局批准建设的国家能源氢能及氨氢融合新能源技术重点实验室。实验室自 2019 年 11 月成立以来，围绕国家新能源和“双碳”战略需求，聚焦氢能与燃料电池技术和氨氢融合新能源技术两条主线，努力建设国内一流、国际高端的国家战略科技创新平台。

本书体现了作者及其团队的最新研究成果，包括在氢燃料电池汽车控制与开发技术方面的国家授权发明专利、登记软件著作权等。本书专注于氢燃料电池汽车控制与开发技术，系统地介绍了氢燃料电池汽车的控制技术、开发技术和硬件在环测试方法，为氢燃料电池汽车控制理论、技术及其控制器开发提供理论指导和技术支持。

本书作者陈静博士和肖纯博士是武汉理工大学教授、佛山仙湖实验室研究员。从实验室成立伊始，她们就从武汉来到佛山，深耕在氢燃料电池汽车控制技术领域，在实验室开放基金重大项目的资助下，进行了深入的研究和实践。两位作者的工作体现了对技术创新的不懈追求。本书也从一个侧面反映了我国近年来氢燃料电池汽车创新发展的情况。

千里之行，始于足下。氢能产业的发展，需要更多有识之士的参与。期待本书出版对推动氢燃料电池汽车控制技术的研究和应用产生积极的影响，激发更多同行对氢燃料电池汽车控制技术的兴趣，共同为实现绿色、低碳的交通出行方式贡献力量。

2024 年 12 月于佛山仙湖

张清杰，中国科学院院士，佛山仙湖实验室理事长，原武汉理工大学校长。

前　言

在全球能源结构转型和应对气候变化的大背景下，新能源的大规模利用已成为实现“双碳”目标的关键路径。我国已出台多项政策，全方位支持氢能产业的发展，其中氢燃料电池汽车（HFCV）作为新能源汽车的重要组成部分，其发展对于推动能源转型具有重要意义。为了使 HFCV 能够大规模应用，必须解决其寿命短、效率低和安全性不足等关键瓶颈问题，而这些问题的解决离不开氢燃料电池汽车控制技术的进步。控制技术通过对动力电源、电机驱动、制动和转向等系统的协调控制，直接影响整车的性能表现。

HFCV 作为一种清洁能源汽车，其电能来源于氢燃料电池，通过氢气和氧气的电化学反应产生电能，这个过程高效且无污染，产物仅为水。相较于纯电动汽车，HFCV 在燃料加注时间和续航能力上具有明显优势。在 HFCV 中，燃料电池汽车控制系统扮演着核心角色，其主要目标是确保系统的正常运转和维护整个系统的运行状态。动力系统作为 HFCV 的核心，包括电机、电机驱动器、氢燃料电池和动力电池等关键部件。电机和电机驱动器的性能直接影响着整车的动力性能和能量利用率。整车控制器/协同控制器（VCU）根据驾驶员的意图计算电机的需求功率，并结合整车附件的功率需求，确定燃料电池、动力电池和电机的功率输出或输入状态。动力源中的氢燃料电池发电经过 DC/DC 变换器后，得到输出直流电压，即直流母线电压。能量管理系统（BMS）根据整车功率需求、氢燃料电池状态、动力电池荷电状态（SOC）及其充放电能力，分配燃料电池与动力电池的输出或输入功率。电机驱动器（MCU）将母线电压逆变成电机所需的交流电。

基于对 HFCV 控制技术的深入分析和总结，作者在广东省佛山仙湖实验室开放基金重大项目的资助下，对 HFCV 控制技术进行了系统研究。研究内容包括氢燃料电池系统 DC/DC 变换器控制技术、氢燃料电池系统供气系统控制技术、电机驱动控制与调速技术、基于 AutoSAR 的控制器开发技术，以及协同控制器的硬件在环（HIL）测试方法。研究过程中，开发了协同控制器原理样机，构建了硬件在环测试平台，并进行了实例验证。

（1）氢燃料电池系统 DC/DC 变换器控制技术，发明一种可调式大功率

DC/DC 变换器及其控制方法、DC/DC 变换器滑模控制方法等，解决燃料电池输出特性软、现有 DC/DC 输出电压纹波较大、无法控制组合 DC/DC 变换器接通的数量等问题，使混合动力源（氢燃料电池系统和锂电池）之间稳定、可靠、高效地工作。

（2）氢燃料电池系统供气系统控制技术，发明氢燃料电池的氢气与空气协调控制方法和质子交换膜燃料电池空气供给系统的控制方法，解决氢燃料电池在高效能源转换和稳定运行方面的技术难题，提高氢燃料电池系统的效率和稳定性，通过先进的控制策略优化氢气和空气的供应，确保电池在不同工作条件下的性能和寿命，有助于燃料电池更安全、可靠地运行。

（3）电机驱动控制与调速技术，发明氢燃料电池汽车的电机驱动与锂电池充电一体化方法，以及氢燃料电池汽车线控电机驱动与制动协调控制方法，解决传统混合动力系统在能量转换和利用效率上的局限性，降低了能耗和排放；发明基于自适应扰动观测器的永磁同步电机矢量控制方法和基于弱磁控制的汽车用永磁同步电机的调速方法，解决永磁同步电机在不同工况下的控制精度和响应速度问题。通过精确控制电机的磁场和转矩，提高电机的运行效率和动态性能，确保汽车在各种驾驶条件下的稳定性和可靠性，为汽车提供一种精确、高效的电机控制与调速解决方案。

（4）基于 AutoSAR 的控制器开发技术，采用快速控制原型 V 形开发流程，从 AutoSAR 架构的设计理念出发，在 AutoSAR 分层架构基础上，发明基于 AutoSAR 的程序配置方法，实现软硬件解耦，解决代码可重用性差、不同制造商之间应用程序不通用、不同车系之间通用性代价高、不同供应商之间产品不通用等问题。

本书旨在深入探讨 HFCV 控制技术和开发技术，从实际应用出发，以提升 HFCV 的操控平顺性、稳定性和安全性为目标，综合运用电力电子技术、计算机控制技术和汽车工程理论，探索实用高效的控制技术和开发技术，并进行实例验证。本书的结构旨在便于理解和叙述，而实际应用复杂度远超书中范围，如书中开发技术方面提供的更多是理论框架和指导流程。

全书共 7 章，总结了作者近 5 年的研究工作。为保持内容的完整性，书中引用了研究团队的部分研究成果，并对所有参与者表示感谢。由于学识水平、现有条件和时间的限制，本书可能存在不足之处，作者期待专家的批评和建议。

在学习和撰写过程中，作者得到了佛山仙湖实验室张清杰院士、卢炽华教授和田韶鹏教授，以及佛山仙湖实验室与武汉理工大学自动化学院的领导和同仁的支持与帮助，对此表示衷心的感谢。

燃料电池汽车的控制与开发技术是汽车电子与控制研究领域的前沿和热点。本书仅是对广东省佛山仙湖实验室开放基金重大项目“氢燃料电池汽车集成控制系统与动力系统多能源协同控制器开发”的工作总结和提炼，未来还有更多的工作需要深入开展。作者希望本书能吸引更多同行加入这个研究领域，并在推动燃料电池汽车控制理论、技术及其控制器创新方面发挥积极作用。最后，由于作者水平有限，书中难免存在错误和疏漏，敬请广大读者批评指正。

陈静　肖纯

2024 年 12 月于佛山

目　录

第1章　绪　　论

1.1　研究背景和意义

新能源的大规模利用是实现“双碳”目标的关键。国家已经制定了多项支持氢能发展的政策，从多角度推动氢能利用率，氢燃料电池汽车（HFCV）也是新能源汽车发展的重要方向。攻克制约 HFCV 的寿命短、效率低、安全性不足等瓶颈问题是 HFCV 走向大规模应用的必然要求，而 HFCV 的控制技术是关键，通过对动力电源、电机驱动、制动以及转向等协调控制，直接决定 HFCV 的整车性能。因此，开展 HFCV 控制技术研究契合“双碳”这一国家战略需要，对提升移动出行平台的操控平顺性、稳定性和安全性具有重要意义。

HFCV 是一种清洁能源汽车，属于新能源汽车，它的电能是由氢燃料电池提供的。氢燃料电池中的氢气和氧气通过电化学反应产生电能，反应过程中没有热量的消耗。因此，HFCV 能量转化效率高，且反应后的产物是水，无污染。HFCV 在燃料加注时间和续航能力等方面的表现都要优于纯电动汽车。

氢燃料电池汽车控制系统在 HFCV 中承担了核心的监测与控制职能。其核心目标在于确保系统的正常运转，维护整个系统的运行状态。氢燃料电池汽车动力系统是 HFCV 的核心部分，也是 HFCV 的心脏，包括氢燃料电池系统、DC/DC 变换器、动力电池（锂电池）、电机驱动器（逆变器及其控制器）和永磁同步电机等。

在当代汽车电子领域，随着技术的不断进步和智能化水平的日益提升，基于汽车开放系统架构（AUTomotive open system architecture，AutoSAR）的控制器开发技术已成为行业的一大热点。AutoSAR 作为一个全球性的汽车软件架构合作伙伴计划，旨在创建一个开放的标准化软件架构，用于汽车电子控制单元（ECU）的开发。这一标准化进程不仅促进了软件的重用性和互操作性，还为汽车制造商和供应商在快速变化的市场中保持竞争力提供了强有力的支持。

随着汽车功能的日益复杂化，传统的嵌入式系统开发方法已逐渐无法满足市场对高效率、高质量和快速迭代的需求。因此，基于 AutoSAR 的控制器开发技术应运而生，它通过提供一套统一的软件框架和接口，极大地简化了 ECU 的软件开发流程。这种基于标准化的方法不仅降低了开发成本，还缩短了开发周期，使汽车制造商能够更快地响应市场变化，推出具有创新功能的新车型。

AutoSAR 是由全球各大汽车整车厂、汽车零部件供应商、汽车电子软件系统公司联合建立的一套标准协议架构，是对汽车技术开发一百多年来的经验总结。该架构旨在改善汽车电子系统软件的更新与交换，同时更方便有效地管理日趋复杂的汽车电子软件系统。AutoSAR 规范的运用使不同结构的 ECU 接口特征标准化，应用软件具备更好的可扩展性以及可移植性，能够实现对现有软件的重用，减少重复性工作，缩短开发周期。

在基于 AutoSAR 的应用软件开发过程中，软件组件是整个应用软件（SWC）的核心，其他软件开发工作如配置、映射等，都是围绕软件组件展开的。软件组件封装了部分或者全部汽车电子功能的模块，软件组件包括了其具体的功能实现以及对应的描述。各个软件组件通过虚拟功能总线进行交互，从而形成一个 AutoSAR 应用软件。

ECU 配置主要是为该 ECU 添加必要的信息和数据，如任务调度、必要的基础软件模块及其配置、运行实体及任务分配等，并将结果保存在 ECU 配置描述文件中，该文件包含属于特定 ECU 的所有信息，换言之，ECU 上运行的软件可根据这些信息构造出来。

在汽车电子控制器的设计和开发过程中，验证控制策略和控制器硬件的性能至关重要。为了确保汽车的安全性和经济性，通常在实车测试之前，采用硬件在环（hardware in the loop，HIL）仿真技术来进行验证。

近年来，作者在对氢燃料电池汽车控制相关技术进行深入分析及总结的基础上，在广东省佛山仙湖实验室开放基金重大项目“氢燃料电池汽车集成控制系统与动力系统多能源协同控制器开发”的资助下，以氢燃料电池汽车作为研究对象，提出并研究了氢燃料电池系统 DC/DC 变换器控制技术、氢燃料电池系统供气系统控制技术、电机驱动控制与调速技术，以及基于 AutoSAR 的控制器开发技术；开发了协同控制器原理样机，构建研究平台，完成 HIL 测试。研究结果为线控出行平台理论、技术及其控制器创新，提升氢燃料电池汽车的操控平顺性、稳定性和安全性提供了一定的理论和技术基础。

1.2　氢燃料电池汽车的动力系统组成

氢燃料电池汽车动力系统组成框图如图 1-1 所示。

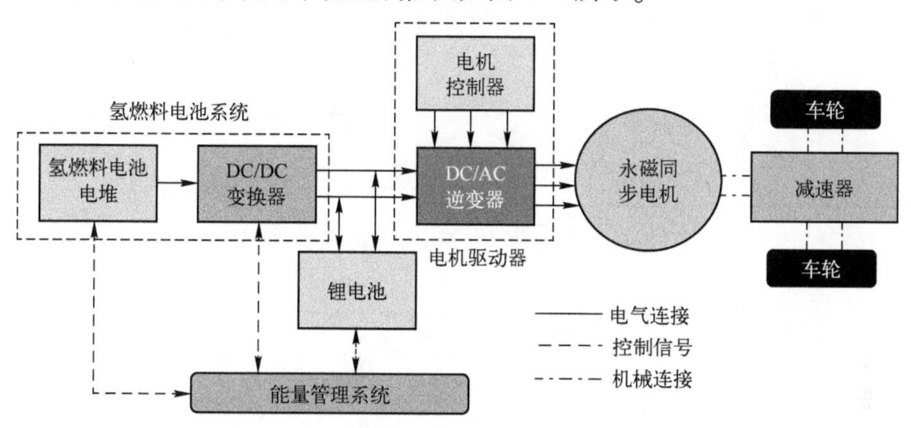

图 1-1　氢燃料电池汽车动力系统组成框图

永磁同步电机将电能转换为机械能，为 HFCV 提供动力，驱动车轮转动。优良的电机性能可以提高 HFCV 的动力性能和能量利用率。电机驱动器是电机驱动并控制电机的核心部件，其控制精度和稳定性直接决定着 HFCV 的整车性能。电机驱动器由逆变器和电机控制器构成，逆变器将 DC/DC 变换器和锂电池提供的直流电转换为交流电（AC），以驱动永磁同步电机，电机控制器控制电机的转速和扭矩，以适应不同的驾驶条件。

氢燃料电池系统包括氢燃料电池电堆和 DC/DC 变换器。氢燃料电池电堆的核心功能是将氢气的化学能通过电化学反应直接转换为电能，具有高能量转换效率，且产物主要为电和水，同时产生一定的热能，是一种清洁的能源转换方式；DC/DC 变换器将燃料电池系统产生的直流电转换为适合永磁同步电机使用的电压。

锂电池和氢燃料电池系统通过协同工作，实现能量的有效储存和回收，以满足车辆在不同情况下的能源需求。整车控制器/协同控制器（VCU）协调和管理动力系统中各个部件的工作，确保车辆的平稳运行。

1.3　氢燃料电池系统的组成

典型的氢燃料电池系统由燃料电池电堆和各种辅助系统组成。辅助系统主要包括空气供给子系统、氢气供给子系统和热管理子系统，它们是保证燃料电池正常运行而设计的一系列系统组件。典型的氢燃料电池系统组成结构如图 1-2 所示。

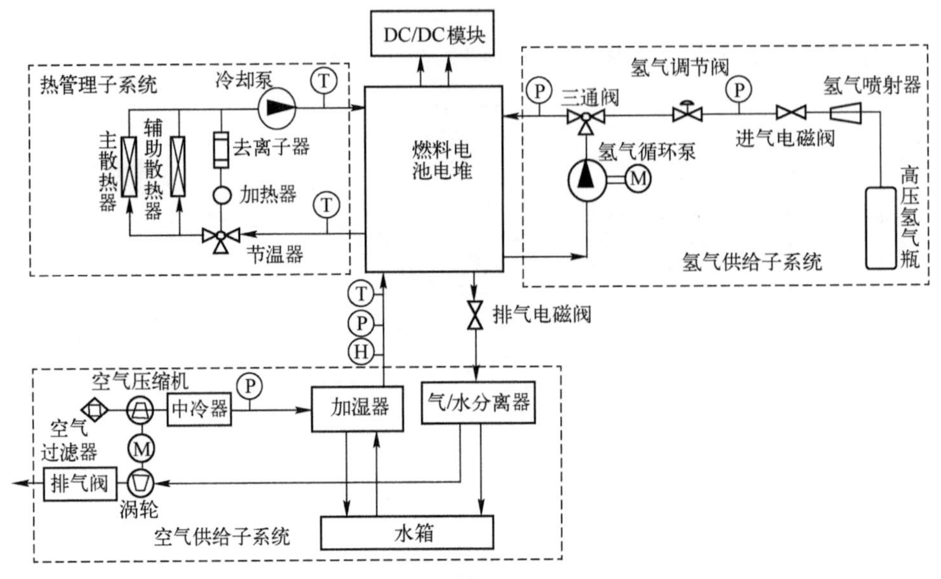

图 1-2　典型的氢燃料电池系统组成结构

燃料电池电堆（简称“电堆”）是氢燃料电池系统的关键组成部分，由多个燃料电池单体组成，电堆的性能将直接影响整个系统的运行效率。质子交换膜燃料电池（proton exchange membrane fuel cell，PEMFC）作为氢燃料电池的一种，具有启动时间短、工作温度低、比功率高、使用寿命长和能量转换效率高等优势，应用领域广泛。

氢气供给子系统由高压氢罐、减压阀、调节阀和加湿器等组成，向电堆提供压力和流量可控的氢气。氢气供给子系统采取循环模式，为电堆阳极端提供一定压力与流量的高纯度氢气，确保电堆持续工作。空气供给子系统包括空气过滤器、空气压缩机和加湿器，给电堆阴极端提供与阳极端成比例的空气，为电堆供必要的氧气，并维持适当的空气压力、流量和湿度，确保电堆处于持续稳定的工作状态。

热管理子系统主要包括水箱、冷却风扇、循环水泵和节温器等，将电堆反应过程中生成的热量排除系统外，使电堆维持在最适宜的温度工作，同时防止电堆内部过湿、过干或水分过多，影响电堆性能。电子控制子系统包括控制单元和传感器，控制单元执行各种控制策略，如电流控制、电压控制和温度控制，传感器监测系统状态，如压力、流量、温度和湿度。

DC/DC 变换器将电堆的输出电压调整到适合负载需求的电压水平。

1.4　多能源线控移动出行平台电子电气架构

随着汽车产业的发展，汽车电子领域也取得了显著的进步和创新，功能越来越强大，足以处理汽车中越来越复杂的问题。汽车电子电气架构发展包括三个阶段：以控制器为中心的阶段、域控制器阶段、中央计算机阶段。汽车电子电气架构演变过程如图 1-3 所示。

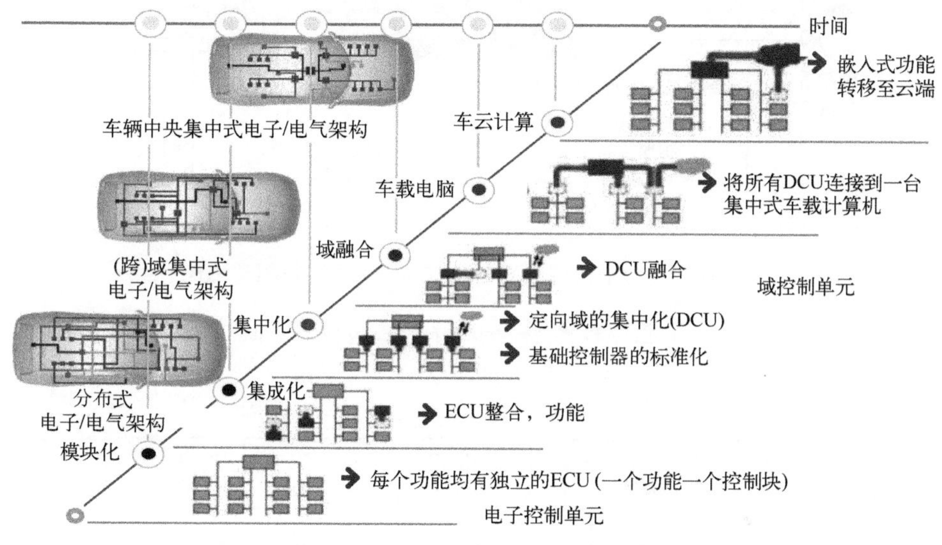

图 1-3　汽车电子电气架构演变过程

域控制器可以将汽车电子各部分功能划分成动力传动域、车身电子域、辅助驾驶域等，然后利用处理能力强大的多核 CPU/GPU 芯片，在相对集中的控制域内处理原本归属各个 ECU 的大部分功能，以此来取代传统的分布式架构。用一个或几个“大脑”操控全车的 ECU 与传感器正逐渐成为汽车电子电气架构公认的未来。

针对传统分布式电子电气架构软硬件解耦困难、重用性不高等缺点，这里提出多能源线控移动出行平台电子电气架构设计方法，设计一种新型多能源线控移动出行平台电子电气架构，用一台集中式车载计算机来操控全车的 ECU 与传感器，以此取代传统的分布式架构。该电子电气架构的开发流程主要包括出行平台功能需求分析与配置定义、电气架构设计、电子架构设计和模型评估与模型开发 4 个部分。

多能源线控移动出行平台（简称“出行平台”）采用氢燃料电池+锂电池+

双电机驱动结构，主要包括锂电池组 1（锂电池组 2)、电机驱动器 1（电机驱动器 2)、永磁同步电机 1（永磁同步电机 2)、减速器总成 1（减速器总成 2）和氢燃料电池系统等，其结构示意图如图 1-4 所示。

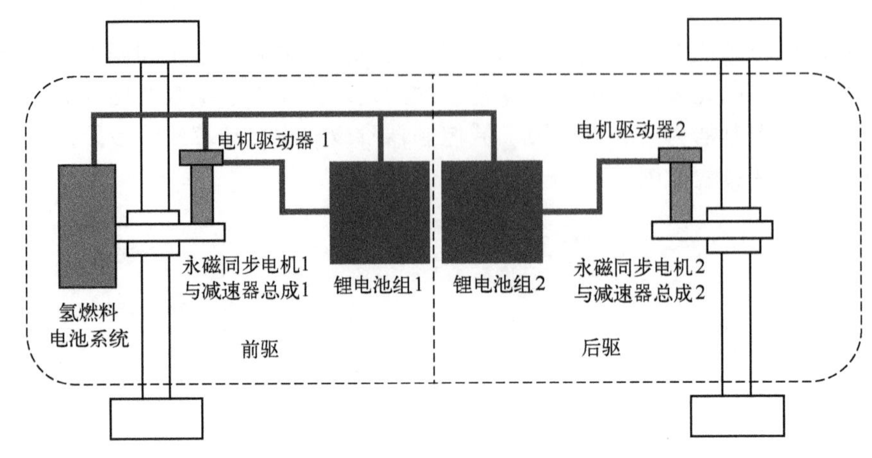

图 1-4 出行平台氢燃料电池+锂电池+双电机驱动结构

根据图 1-4 设计多能源线控移动出行平台集成控制系统，其电子电气架构如图 1-5 所示。

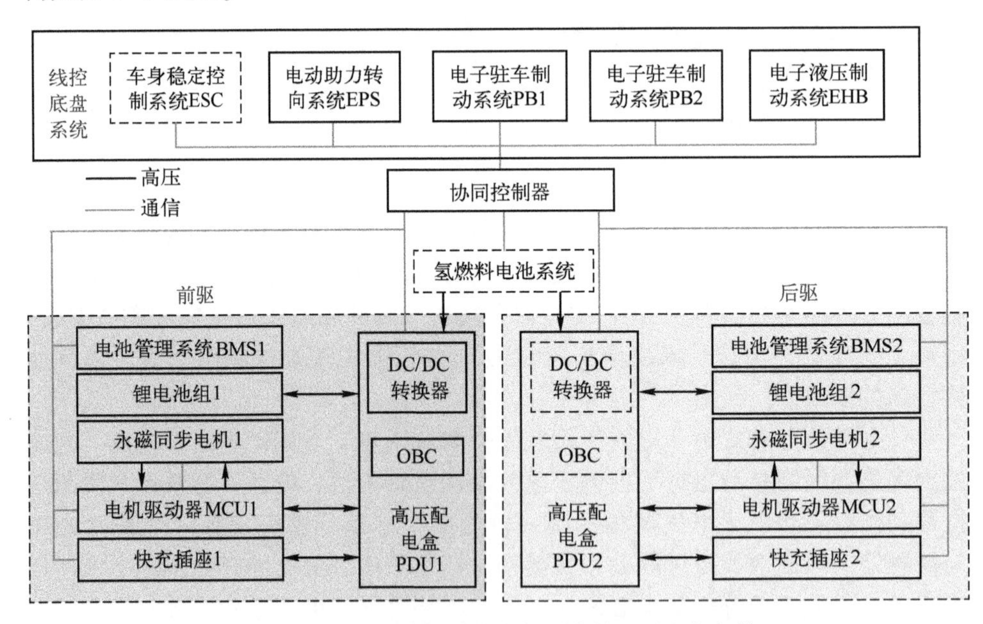

图 1-5 多能源线控移动出行平台的电子电气架构

1.5　多能源线控移动出行平台控制系统通信网络

协同控制器在汽车行驶过程中需要与电机驱动器（MCU_1 和 MCU_2）、电池管理系统（BMS1 和 BMS2）、组合仪表系统等电控单元实时通信。为了实现协同控制器的这一功能，需要设计稳定可靠的通信网络。现场通信网络主要有 CAN 通信、LIN 通信、MOST 通信和 FlexRay 通信。其中，CAN 通信是汽车中应用最为广泛的通信方式。本书采用 CAN 通信。CAN 总线网络的拓扑结构如图 1-6 所示。

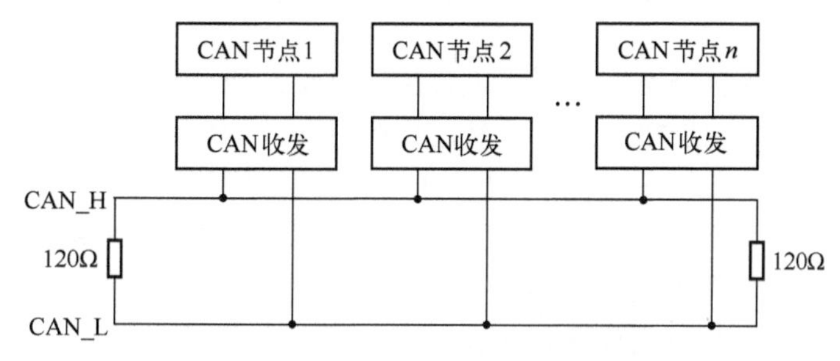

图 1-6　CAN 总线网络的拓扑结构

CAN 通信使用 CAN_H 和 CAN_L 信号线来实现数据传输，各个待通信的电控单元作为节点接在 CAN_H 和 CAN_L 之间。CAN 总线上的每个节点通过 CAN 收发器来实现报文的接收和发送。在实际使用中，需要在 CAN_H 和 CAN_L 之间串接典型值为 120Ω 的终端电阻，其作用是匹配总线阻抗，提高数据传输的抗干扰能力。

CAN 通信是以传输“0”和“1”二进制的方式进行报文传输的，将逻辑“0”定义为显性，逻辑“1”定义为隐性，如图 1-7 所示，CAN 通信采用 CAN_H 和 CAN_L 之间的差分电压通过双绞线来传输逻辑“0”和逻辑“1”。对于高速 CAN，当传输逻辑“0”时，CAN 总线上的电压表现为 CAN_H 约为 3.5V，CAN_L 约为 1.5V，差分电压约为 2.0V。当传输逻辑“1”时，CAN_H 和 CAN_L 的电压均约为 2.5V，差分电压接近 0V。

某个通信节点向总线上的其他节点发送数据时，首先由应用层对报文进行封装，将报文向下层数据链路层传递，数据链路层进行错误检测、报文过滤等，再将报文向下层物理层传输，在物理层上由 CAN 控制器发送信号给 CAN 收发器，然后 CAN 收发器将待发送报文转换为一系列的差分电压信号，并通过双绞线将数据发送出去。节点接收报文的过程与发送报文的过程相反，首先 CAN 收发器将收到的差分电压信号解析为数据，合成完整的报文并向上层数

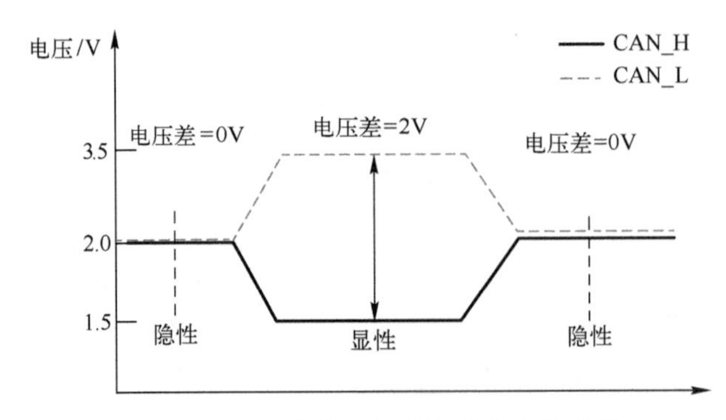

图 1-7 CAN 通信显性和隐性状态示意图

据链路层传递，数据链路层对报文进行错误校验，如果报文没问题就继续向上层应用层传递，应用层接收到报文后进行解析和处理。

汽车上的 CAN 通信一般都有高低速之分，以便于设置不同实时性的节点，高效地利用 CAN 总线进行通信。其中要求实时性高的动力系统部件采用高速 CAN 总线，而实时性要求相对低一些的辅助系统部件采用低速 CAN 总线。CAN 网络协议的合理性需满足以下条件：

（1）各节点是否完成功能需求；

（2）总线平均负载率和峰值负载率都满足不超过 30%的设计要求；

（3）各总线节点的工作流程完善，可完整地实现其功能；

（4）CAN 总线报文发送周期延迟率低于 0. 3ms。

各个部件之间通过各自的电子控制单元 ECU 进行通信，将协同控制器设置为网关节点，作为高低速 CAN 总线之间通信的桥梁，其中高速 CAN 总线的波特率设定为 500kBd，低速 CAN 总线的波特率设定为 250kBd。基于 SAE_J1939 协议为多能源线控移动出行平台通信网络中的每个通信节点分配了唯一的通信地址。

设计的多能源线控移动出行平台 CAN 通信网络架构如图 1-8 所示。

在图 1-8 中，CAN 网络主要包括整车 CAN0、线控底盘 CAN1 和整车 CAN2，在快充 CAN0、快充 CAN2 以及 BMS 调试 CAN0、BMS 调试 CAN2。

整车 CAN0 连接有协同控制器、电机驱动器 MCU1、仪表控制器 ICU、三合一 0 中的 DC/DC 控制器和电池管理系统 BMS1，共 5 个节点，并在协同控制器、BMS1 和 MCU1 上各匹配一个 120Ω 的终端电阻。

线控底盘 CAN1 上连接有协同控制器、EHB、EPS、EPB1、EPB2，共 5 个节点，并在协同控制器和 EHB 两个节点上均配置有 120Ω 的终端电阻。

整车 CAN2 连接有协同控制器、电机驱动器 MCU2、三合一 1 中的 DC/DC 控制器和电池管理系统 BMS2，共 4 个节点，并在协同控制器、BMS2 和 MCU2

上各匹配一个 120Ω 的终端电阻。

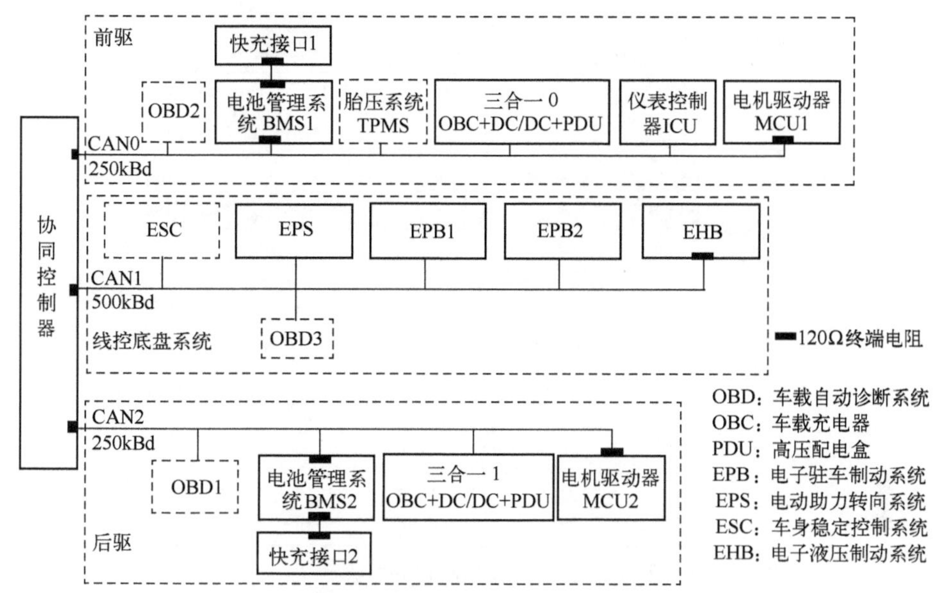

图 1-8　多能源线控移动出行平台 CAN 通信网络架构

1.6　AutoSAR 分层架构

AutoSAR 能更方便、有效地管理日趋复杂的汽车电子软件系统。AutoSAR OS 是一个符合 AutoSAR 标准的嵌入式实时操作系统，是一个静态配置的单处理器多任务实时操作系统（RTOS）。ECU 抽象层（MCAL）驱动代码是与 ECU 硬件相关的，AutoSAR 中规定的标准函数接口在功能上是预先定义好的。

AutoSAR 的整体架构分为 3 个主要层次：应用层（application layer，APPL）、实时运行环境（runtime environment，RTE）和基础软件层（basic software layer，BSW）。AutoSAR 的简化分层模型架构如图 1-9 所示。

1.6.1　应用层结构

应用层是应用软件组件（software component，SWC）的集合，软件组件通过端口进行交互，每个组件可以包含一个或多个运行实体，每个实体描述了 ECU 的功能和行为，其结构如图 1-10 所示。

1.6.2　实时运行环境结构

实时运行环境提供应用层运行所需要的资源，通过虚拟功能总线（virtual fuctional bus，VFB）的实现，隔离上层的应用软件层与下层的基础软件，摆脱以往 ECU 软件开发与验证时对硬件系统的依赖，其结构如图 1-11 所示。

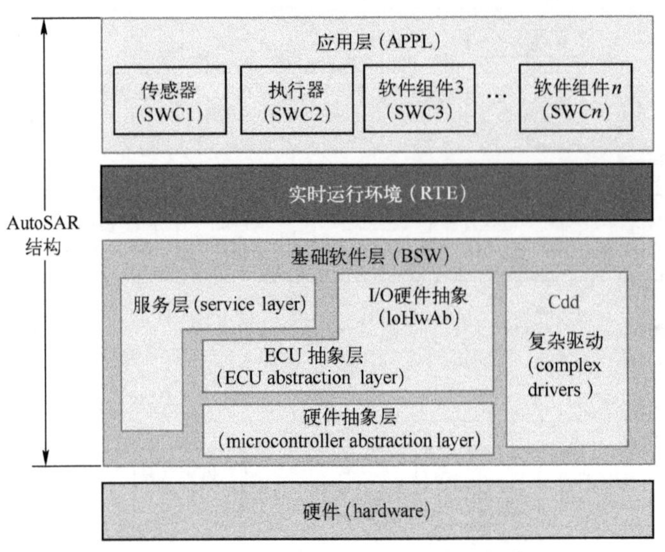

图 1-9　AutoSAR 的简化分层模型架构

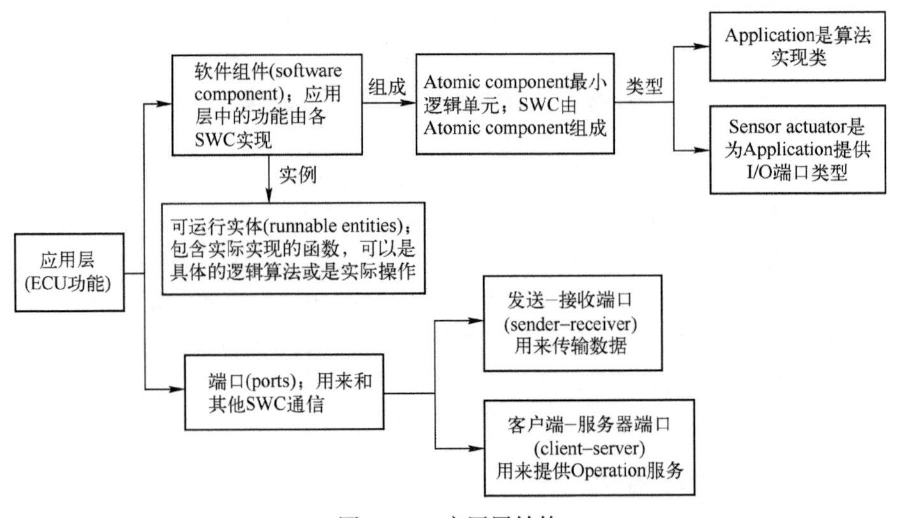

图 1-10　应用层结构

1.6.3　基础软件层结构

基础软件层对硬件进行封装，供上层标准化调用系统功能，其结构如图 1-12 所示。

AutoSAR 方法原理示意图如图 1-13 所示。

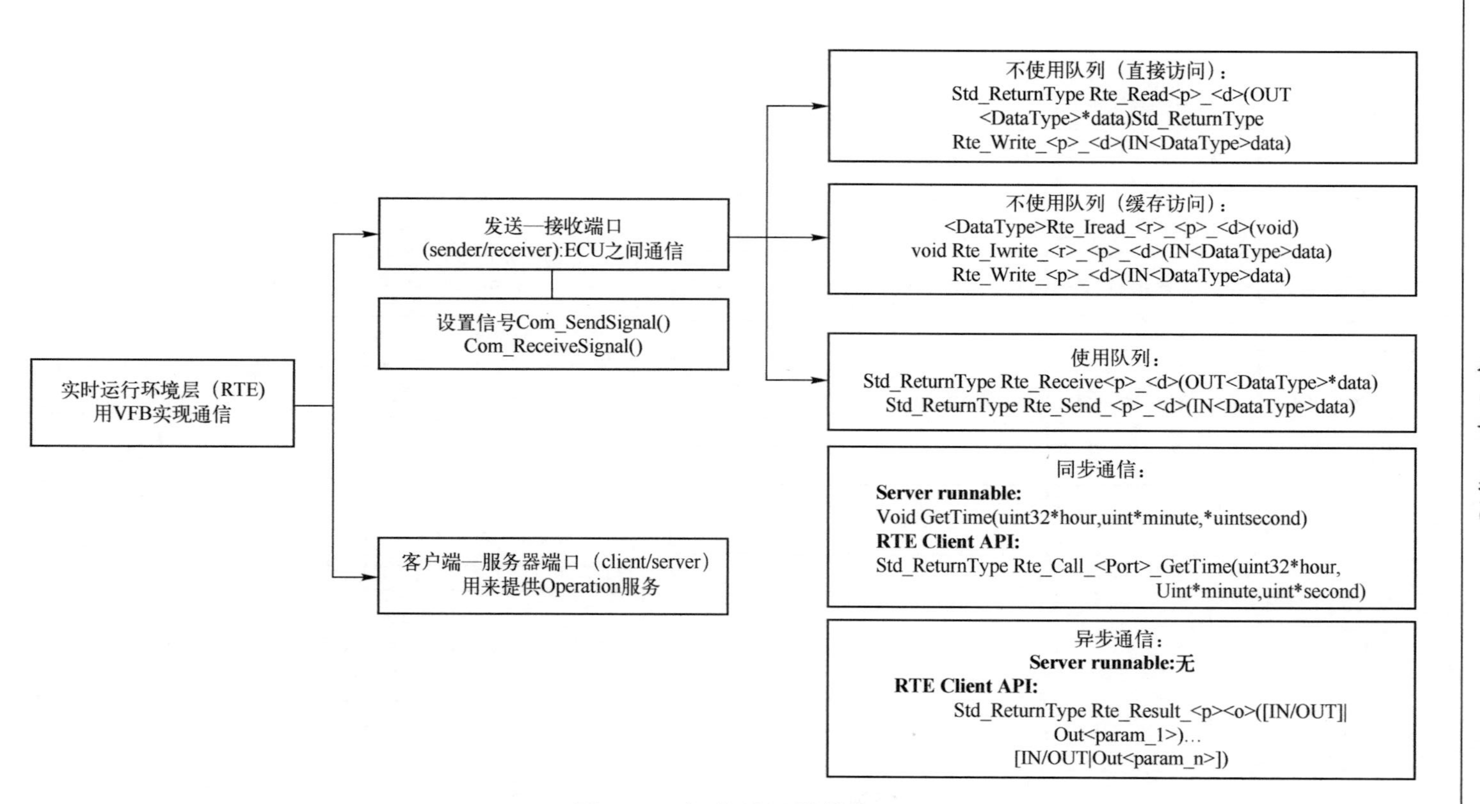

图 1-11　实时运行环境结构

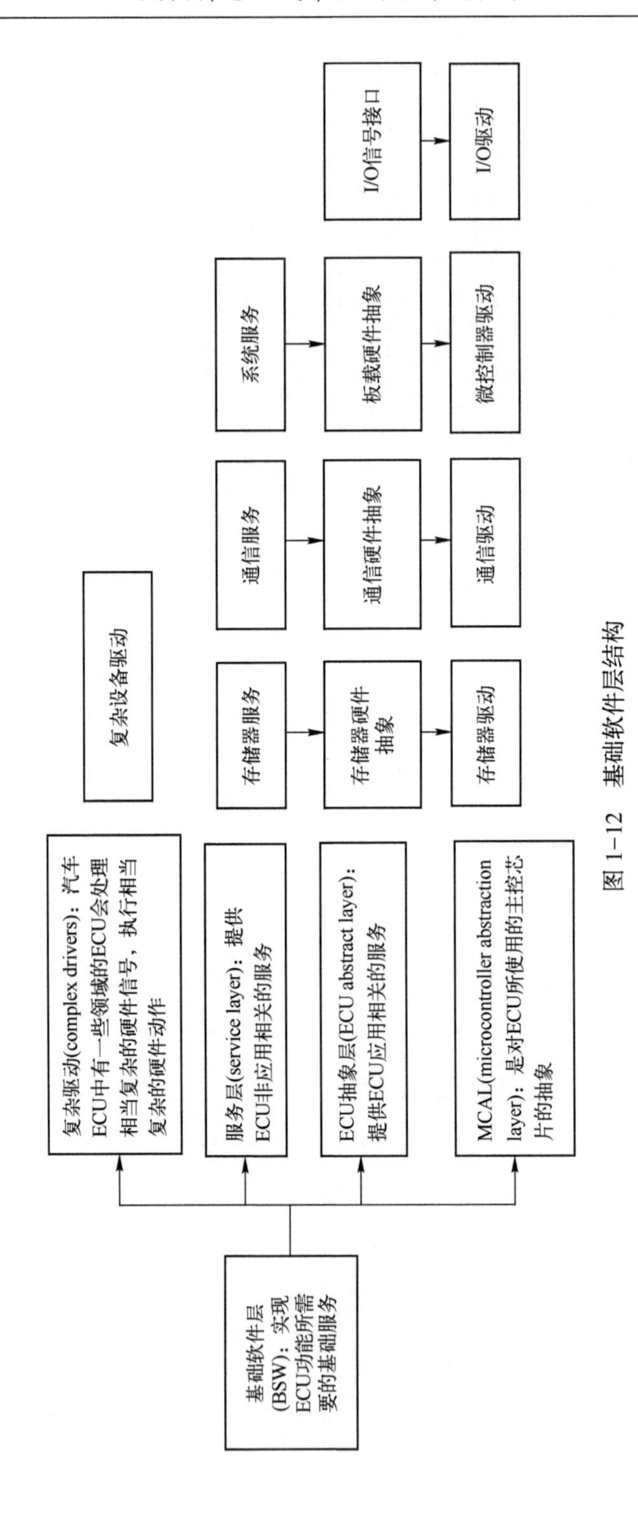

图 1-12　基础软件层结构

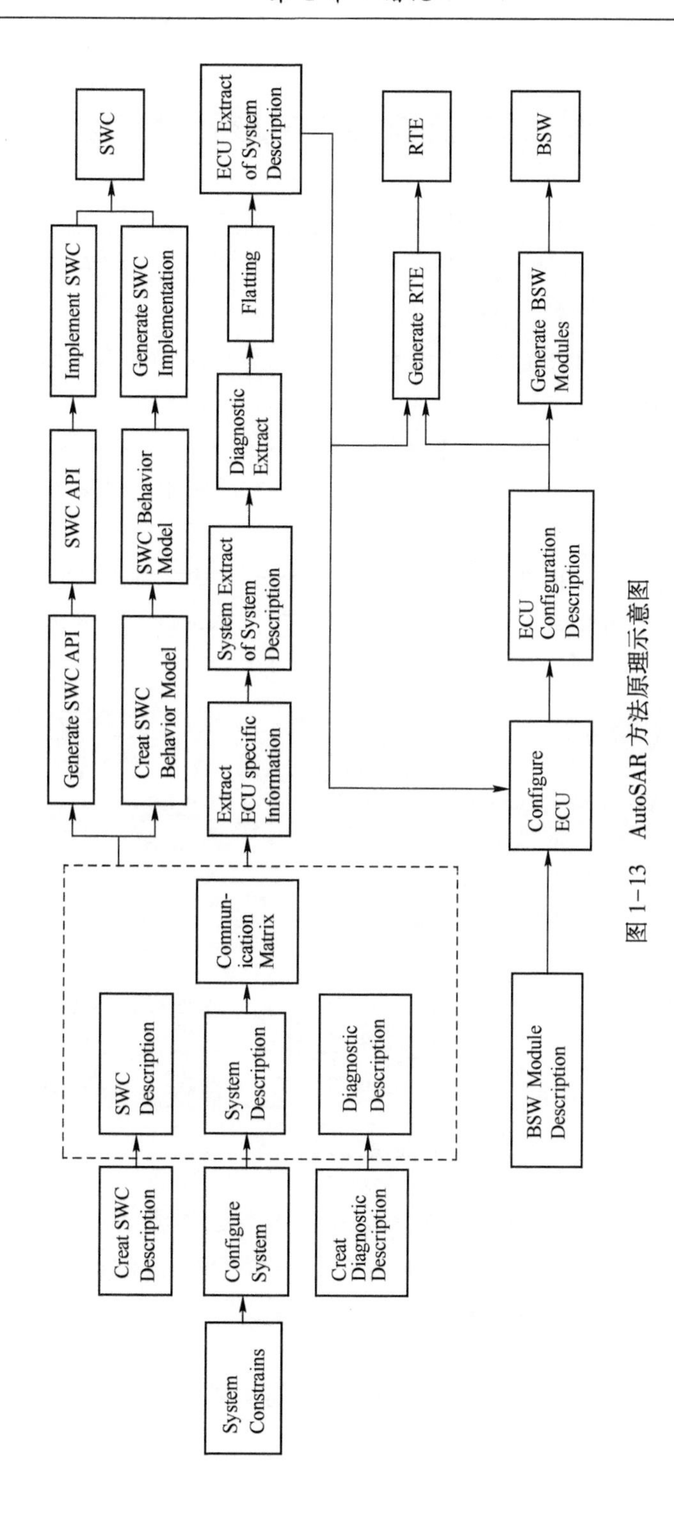

图 1-13　AutoSAR 方法原理示意图

1.7 快速控制原型 V 形开发流程

软件开发过程中出现的错误在早期修复，其经济成本和时间成本大幅低于在晚期修复。希望在开发的各个阶段都能应用验证方法及时发现错误，修复错误，从而降低开发成本，缩短开发周期。

基于模型开发的快速原型控制器在开发过程中支持早期验证和持续验证，能及时检测出错误并进行修复，从而缩短产品开发周期，降低开发成本。欧洲、北美、日本汽车公司的调查结果表明，目前85%的公司采用基于模型设计的开发技术及其自动代码生成功能，国内汽车公司也逐渐将模型开发引入对汽车电子部件的开发中。

快速控制原型 V 形开发流程如图 1-14 所示。其在每个阶段都可以进行仿真验证，避免将当前阶段的错误带入后续阶段，影响整个开发进程。

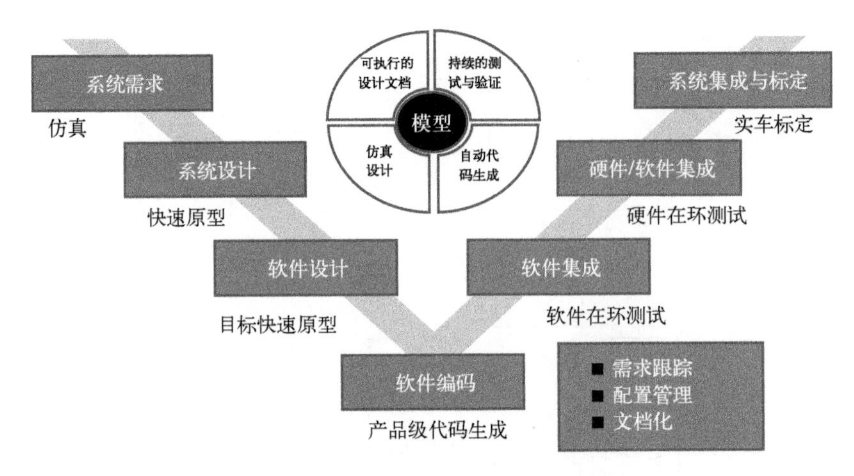

图 1-14 快速控制原型 V 形开发流程

汽车电子控制器开发遵守 AutoSAR 标准，必须将 AutoSAR 分层架构引入快速原型开发过程中。AutoSAR 专注于各个 SWC 之间的通信，并解耦应用层软件与基础软件，快速原型与 AutoSAR 不仅是相互兼容的，也是互补的。

基于 AutoSAR 的快速原型控制器软件开发具有两种开发流程。

1. 自上而下的开发流程

使用架构生成工具软件来设计整车 ECU 网络。架构工具软件输出一个 XML 文件来描述对应的组件，该文件包含组件的一些必要信息。MATLAB 软件利用架构软件生成的 XML 文件自动创建 Simulink 架构模型，其中包含接口模块以及相应的 AutoSAR 相关设置。工程师必须在相应的地方进行设置以保证所生成的代码符合标准，满足基础软件层中的 RTE 和硬件相关组件的要求。

2. 自下而上的开发流程

通过架构工具软件来设计车辆 ECU 网络的架构；然后，导出架构工具软件所需的 XML 文件，包含有关组件的所有必要信息。借助 MathWorks AutoSAR 解决方案，工程师导入此 XML 文件，并自动生成包含接口块（输入和输出）的 Simulink 架构模型以及在软件组件的描述文件中定义的这些对象与 AutoSAR 相关的设置。

使用 MATLAB 命令行导入 AutoSAR 软件组件描述文件，然后将其生成模型。从该架构模型开始，通过使用 Simulink、Stateflow 和配套模块来开发控制器模型，其开发步骤如下。

（1）在快速原型设计环境（如 MATLAB/Simulink）中，根据系统各个单元的数学模型建立图形化模型，用于仿真和综合分析，并进行离线的非实时数字仿真。

（2）将步骤（1）中得到的模型转换为代码，自动代码工具 MATLAB Coder/Simulink Coder/Embedded Coder 可以将验证过的控制策略模型自动转换成 C/C++，而 HDL Coder 可以将模型自动转换成 HDL 代码。

（3）将步骤（2）自动生成的代码加载到专用的快速原型设备上进行处理器在环的实时仿真验证，以进一步验证模型的正确性。

（4）在快速原型平台上进行反复测试，对测试过程进行监控与标定。

1.8 研究内容与技术路线

首先，根据多能源线控移动出行平台的任务和目标，进行需求分析、关键技术研究与创新；其次，研制协同控制器，并进行底层电机驱动程序实例；最后，采用硬件在环测试方法构建 HIL 测试平台，并通过协同控制器基本功能的硬件在环测试验证。

研究技术路线如图 1-15 所示。

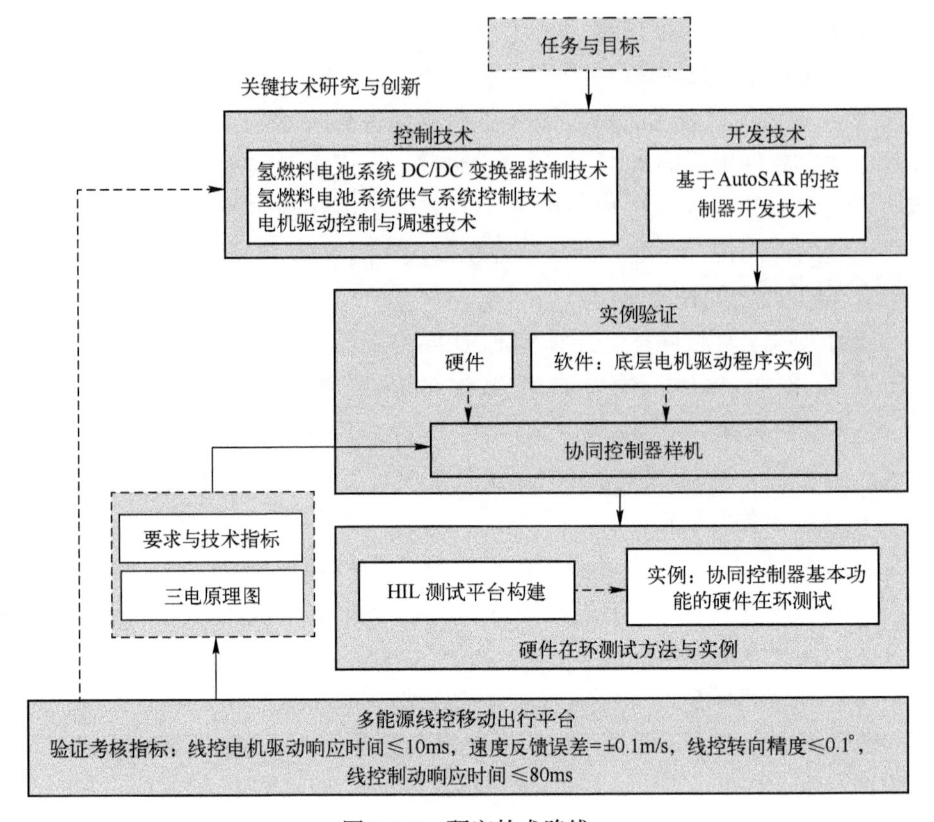
任务与目标
关键技术研究与创新
控制技术
氢燃料电池系统 DC/DC 变换器控制技术
氢燃料电池系统供气系统控制技术
电机驱动控制与调速技术
开发技术
基于AutoSAR的控制器开发技术
实例验证
硬件
软件：底层电机驱动程序实例
协同控制器样机
要求与技术指标
三电原理图
HIL 测试平台构建
实例：协同控制器基本功能的硬件在环测试
硬件在环测试方法与实例
多能源线控移动出行平台
验证考核指标：线控电机驱动响应时间≤10ms，速度反馈误差=±0.1m/s，线控转向精度≤0.1°，
线控制动响应时间≤80ms

图 1-15　研究技术路线

第2章　氢燃料电池系统 DC/DC 变换器控制技术

燃料电池汽车核心能源部件的燃料电池输出电压会随着输出电流的增大而减小，具有输出特性软的缺点，电机是一个非常大的动态负载，针对燃料电池输出特性软、现有 DC/DC 变换器输出电压纹波较大、无法控制组合 DC/DC 变换器接通的数量等问题，本书作者研究了氢燃料电池系统 DC/DC 变换器控制技术，发明了一种可调式大功率 DC/DC 变换器及其控制方法、DC/DC 变换器滑模控制方法等。

2.1　可调式大功率 DC/DC 变换器

可调式大功率 DC/DC 变换器由控制系统、组合 DC/DC 变换系统和输出电路组成：控制系统由主控制器及其协调控制的 4 个脉宽调制（PWM）波控制模块组成，每个 PWM 波控制模块分别控制对应的 Boost 变换器支路；组合 DC/DC 变换系统由并联的 4 个 DC/DC 变换子系统组成，每个 DC/DC 变换子系统均包括 Boost 变换器支路；输出电路将 4 个 DC/DC 变换子系统的输出并联后输出。

用于氢燃料电池汽车的可调式大功率 DC/DC 变换器组成框图如图 2-1 所示。

2.1.1　DC/DC 变换器及其控制系统设计要求

本书选用 120kW 的 DC/DC 变换器为研究对象，根据 DC/DC 变换器的技术参数（表 2-1），给出 DC/DC 变换器控制系统的技术要求。

动力电源中的氢燃料电池输出特性软，需要经过 DC/DC 变换器后方能满足动力系统的需求。为提高氢燃料电池的寿命，以及保证动力系统正常、稳定、高效地工作，要求 DC/DC 变换器除满足氢燃料电池系统的功率需求外，其输出电流纹波要小，效率要高。DC/DC 变换器具体功能和技术要求如下。

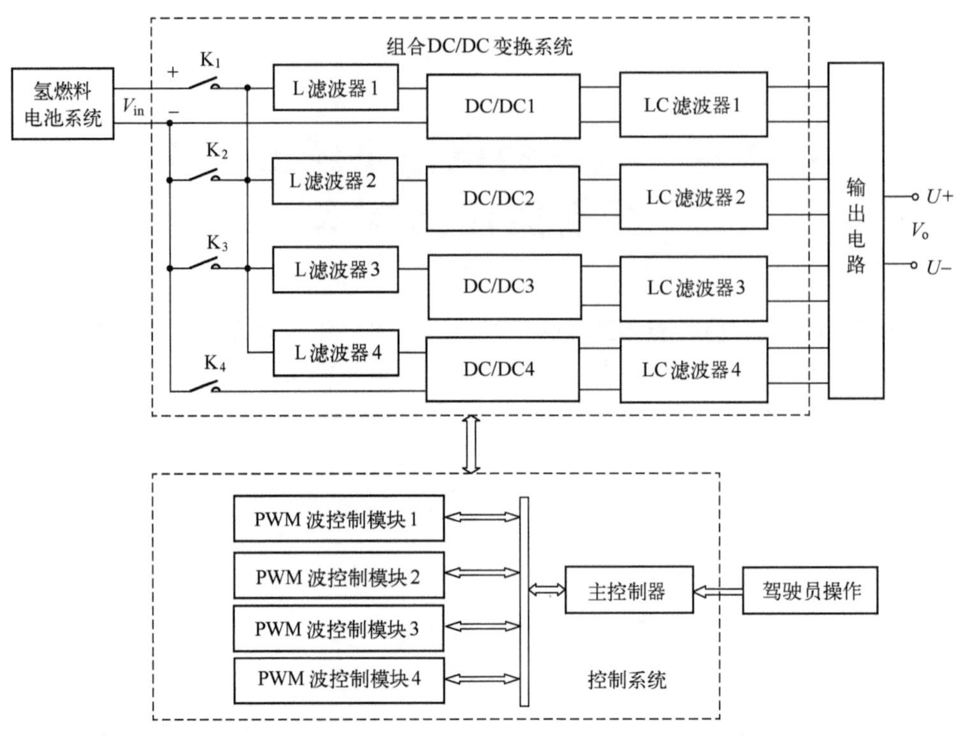

图 2-1　用于氢燃料电池汽车的可调式大功率 DC/DC 变换器组成框图

表 2-1　DC/DC 变换器的技术参数

性能名称	符　号	指　标
额定功率	P_e	120kW
输入电压范围	V_{in}	150~250V
输出额定电压	V_e	550V
输入电流纹波	$I_{ripple1}$	≤8%
输出电压纹波	V_{ripple}	≤1%
输出电流纹波	$I_{ripple2}$	≤6%
效率	η	95%

1. 升压功能要求

氢燃料电池的输出电压一般低于氢燃料电池汽车中永磁同步电机所需要的电压，如 120kW 的氢燃料电池系统最高输出电压为 250V，而氢燃料电池汽车中永磁同步电机的供电电压最低要求为 500V。因此，要求 DC/DC 变换器具有升压功能。

2. 稳压功能要求

氢燃料电池汽车在不同运行模式下，对动力电源的稳定性和可靠性提出了更高的要求，而氢燃料电池的输出特性软。因此，要求 DC/DC 变换器具有稳压功能，使动力电源提供稳定的电压给永磁同步电机，确保系统正常运行。

3. 保护措施及其技术参数

DC/DC 变换器还应具有以下保护措施及其技术参数。

（1）输入欠/过压：≤150V 或≥250V 待机报警（故障码 0x01）；

（2）输入过流：≥200A 待机报警（故障码 0x02）；

（3）输出欠/过压：≤500V 或≥600V 待机报警（故障码 0x03）；

（4）过温保护：系统温度超过 105℃，待机报警（故障码 0x04）；

（5）短路保护：输入输出短路时，待机报警（故障码 0x05）。

2.1.2　可调式大功率 DC/DC 变换器的主电路

采用四相交错并联 Boost 变换器拓扑结构，设计 DC/DC 变换器主电路，如图 2-2 所示。图 2-2 中，FU_1和 FU_2为熔断器，分别对输入端和输出端起短路保护；$K_1 \sim K_4$为直流接触器，对 Boost 变换器支路起接通/断开作用；$D_1 \sim D_4$为续流二极管，起稳定性作用；$L_1 \sim L_4$为电感；$G_1 \sim G_4$为功率开关管；$i_{L_1} \sim i_{L_4}$

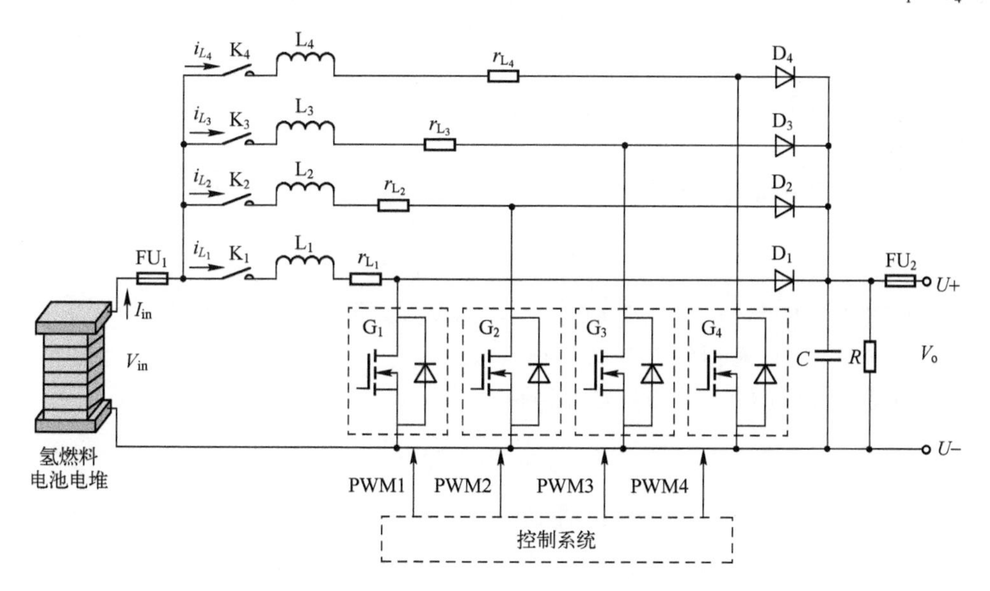

图 2-2　DC/DC 变换器主电路拓扑结构

为 Boost 变换器支路电流；I_{in}为输入电流；L_i、G_i和 D_i（i 取值 1，2，3，4）构成第 i 条 Boost 变换器支路，控制系统输出 PWM1～PWM4 作用于 G_1～G_4，对输入电压 V_{in}进行调节，得到不同的输出电压 V_o。

2.1.3 DC/DC 变换器主电路的参数设计与选择

DC/DC 变换器中并联的 4 条 Boost 变换器支路所用器件的型号规格均相同，即 L_1～L_4选用同电感量的电感器，记为“L”；D_1～D_4选用同型号的二极管；功率开关管 G_1～G_4选用同型号的高压功率 MOS 场效应管。

采用均流控制方式，支路电流 i_{L_1}～i_{L_4}相等，记为“i_L”，支路额定电流设为 I_{ze}，即 $I_{ze}=I_e/4=54.5\text{A}$（额定电流 $I_e=P_e/V_e$）；单条 Boost 变换器支路输出的额定功率是 DC/DC 变换器的额定功率 P_e的 1/4，记为“P_{ze}”。

1. 升压电感设计与选择

首先计算最大占空比 D_{max}和支路最大电流 I_a，再计算出电感量 L 的范围，最后根据工程经验确定电感器 L_1～L_4的电感量 L。

单条 Boost 变换器支路在连续导通模式下，输入电压最低，记为“V_{in_min}”，在最大占空比 D_{max}作用下，电感量 L 最小。

最大占空比 D_{max}定义为输出额定电压 V_e与输入电压最低 V_{in_min}之差与 V_e的比例，即

$$D_{max}=\frac{V_e-V_{in\_min}}{V_e} \tag{2-1}$$

将表 2-1 中参数 $V_{in\_min}=150\text{V}$ 和 $V_e=550\text{V}$ 代入式（2-1），计算得到 $D_{max}=0.727$。

支路最大电流 I_a由额定电流 I_e和最大占空比 D_{max}确定，其值计算如下：

$$I_a=\frac{I_e}{4(1-D_{max})}=\frac{P_e}{4V_e(1-D_{max})} \tag{2-2}$$

将表 2-1 中参数 $P_e=120\text{kW}$，$V_e=550\text{V}$，以及计算得到的 $D_{max}=0.727$，代入式（2-2）计算得到 I_a为 199.8A。

电感量 L 可用式（2-3）计算得到：

$$L\geqslant\frac{D_{max}V_{in\_min}}{I_{ripple1}I_a f_s} \tag{2-3}$$

式中：f_s为开关频率，本书设为 100kHz。

将表 2-1 中的参数 $I_{ripple1}=0.08$，$V_{in\_min}=150\text{V}$，以及 f_s和计算得到的 I_a，代入式（2-3），计算得到 L 为 68μH。氢燃料电池系统的电流纹波尽可能小，电感在应用中应有裕量，根据工程经验，L_1～L_4的电感量均为 80μH。

2. 输出电容的电容量计算

首先计算最小占空比 D_{min} 和输出电压纹波值 V_P，然后根据输出电压纹波值 V_P、负载电流由 0 增至 I_e、负载电流由 I_e 降至 0 三种工况来确定电容 C 的电容量。

单条 Boost 变换器支路在连续导通模式下，输入电压最大（记为"V_{in_max}"），在最小占空比 D_{min} 作用下，C 的电容量最小。

最小占空比 D_{min} 定义为输出额定电压 V_e 与输入电压最大 V_{in_max} 之差与 V_e 的比值，即

$$D_{min}=\frac{V_e-V_{in\_max}}{V_e} \tag{2-4}$$

将表 2-1 中参数 $V_{in\_max}=250$ 和 $V_e=550V$ 代入式（2-4），计算得到 $D_{min}=0.545$。

输出额定电压的纹波值为

$$V_P=V_eV_{ripple} \tag{2-5}$$

将表 2-1 中的参数 $V_e=550V$，电压纹波系数 $V_{ripple}=1\%$ 代入式（2-5），计算得到 $V_P=5.5V$。

输出电压纹波值和电容值满足下列关系式：

$$V_P=\frac{I_eD_{min}}{f_sC_{min\_1}}=\frac{P_eD_{min}}{V_ef_sC_{min\_1}} \tag{2-6}$$

将表 2-1 中参数 $P_e=120kW$，$V_e=550V$，以及 $f_s=100kHz$ 和 $D_{min}=0.545$ 代入式（2-6），计算得到 C 的最小电容量，记为 $C_{min\_1}=216\mu F$。

当负载电流由 0 增至 I_e 时，电压纹波应小于输出电压的 10%且有 3 个以上周期响应，即 $V_P=10\%\times V_e/3=18.3V$，代入式（2-6），计算得到电容此时需要 C 的最小电容量，记为 $C_{min\_2}=72\mu F$。

当负载电流由 I_e 降至 0 时，电感中能量全部汇入电容，根据能量守恒定律，得

$$\frac{1}{2}C(V_{0\_max}^2-V_e^2)=\frac{1}{2}LI_e^2 \tag{2-7}$$

式中：V_{0_max} 为输出电压的最大值，本书取值为 600V。

将表 2-1 中参数 $V_e=550V$，$V_{0\_max}=600V$ 代入式（2-7），计算得到此时需要 C 的最小电容量，记为 $C_{min\_3}=66.1\mu F$。

选取 C_{min_1}、C_{min_2}、C_{min_3} 3 个中的最大值作为输出电容 C 的电容量，即

$$C=\max(C_{min\_1},C_{min\_2},C_{min\_3}) \tag{2-8}$$

因此，输出电容 C 选取电容量大于等于 216μF 的电容。

3. 功率开关管与续流二极管选择

功率开关管 $G_1 \sim G_4$型号相同，以其中一项为例，对其进行选型。

FHU5N60 功率 MOSFET 是英飞凌的产品，是一款 N 沟道 600V 高压功率 MOSFET，具有较高的功率密度和优异的性能，适用于各种设计条件，能够满足制造商和设计人员在各种不同应用中面临的所有重大挑战，常用于 AC/DC 开关电源。因此，主电路中 $G_1 \sim G_4$选用 FHU5N60。

根据单条 Boost 变换器支路额定电流 $I_{ze} = 54.5A$ 的要求，需正向电流为 59A 的续流二极管，选择型号为 C3D20060D 的碳化硅肖特基二极管。

2.1.4 传感器选择

霍尔传感器广泛应用于电气测量和控制领域，它是一种非接触式测量，具有精度高、安全性高、耐久性高等优点。因此，采用霍尔电压传感器检测 DC/DC 变换器的输入和输出电压，霍尔电流传感器检测 Boost 变换器支路输出电流，选择 NTC 热敏电阻来检测系统的温度。

1. 霍尔电压传感器选择

根据表 2-1 中 DC/DC 变换器的输入电压范围为 150~250V，输出额定电压为 550V，选择 2 台精度高、测量范围宽（75~750V）的 HV4110 霍尔电压传感器，检测 DC/DC 变换器的输入电压 V_{in}和输出电压 V_o。

2. 霍尔电流传感器选择

根据 I_{ze}和 I_a的值，选用 4 台体积小、精度高的 HLSR100-P 霍尔电流传感器（测量范围为 0~250A），检测 Boost 变换器支路输出电流 $i_{L_1} \sim i_{L_4}$。

3. 温度传感器选择

根据过温保护需要，选择 1 个测量范围为 0~105℃ 的热敏电阻 MF72 NTC33D-5（工作温度范围-40~155℃），检测系统温度 T。

2.2 可调式大功率 DC/DC 变换器的控制方法

针对现有 DC/DC 变换器的控制方法多是针对单路 DC/DC 变换器进行控制，无法满足可调式大功率 DC/DC 变换器的控制需要，因此发明了一种可调式大功率 DC/DC 变换器的控制方法，集切换控制策略和功率调节方法于一体，由大功率 DC/DC 变换器的控制系统实现。根据目标功率 P_o，自动调节以使可调式大功率 DC/DC 变换器的输出功率快速达到目标功率。

2.2.1　可调式大功率 DC/DC 变换器控制系统硬件的组成

DC/DC 变换器控制系统硬件主要由主控制芯片、开关量输出电路、开关量输入电路、模拟量输入电路（电压检测电路、电流检测电路和温度检测电路)、脉宽调制（PWM）驱动电路和辅助电源等组成，如图 2-3 所示。

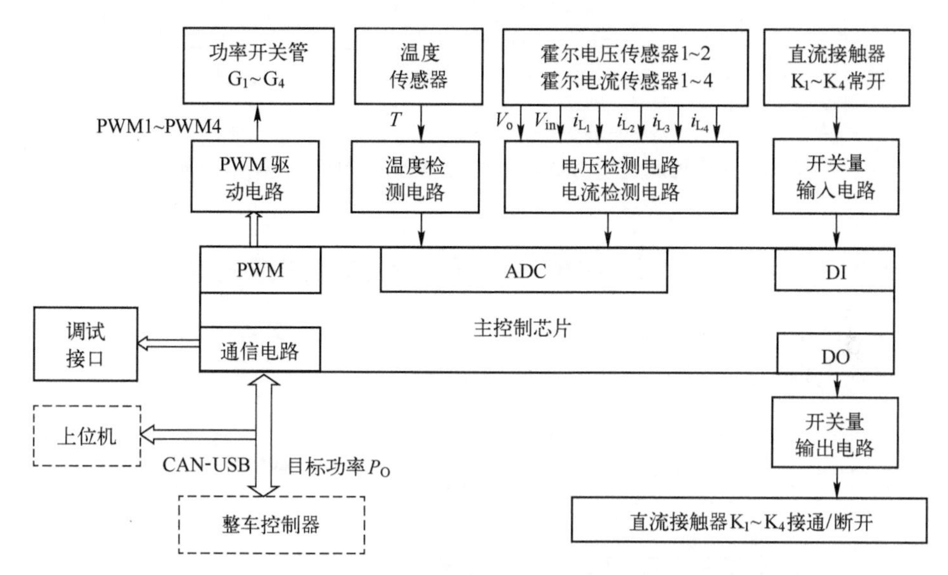

图 2-3　可调式大功率 DC/DC 变换器的控制系统组成框图

DC/DC 变换器控制系统常用的主控芯片是 AURIXTM TC375，它应用于汽车和工业领域，具有高性能架构、先进的连接功能、体积小、高性能、低成本、低功耗、支持多种通信接口。

2.2.2　可调式大功率 DC/DC 变换器的双闭环控制结构

可调式大功率 DC/DC 变换器选用电流控制模式、并联的 Boost 变换器支路，采用电压控制器与电流控制器构成的双闭环控制结构，如图 2-4 所示。

在图 2-4 中，V_{ref}为输出电压参考值；$i_{L_1}\sim i_{L_4}$为电流采集电路的反馈信号；V_o为电压采集电路的反馈信号；$U_{k_1}\sim U_{k_4}$分别为 Boost 变换器支路 1～4 的控制信号；i_{ref}为均流模块输出的控制信号，即 Boost 变换器支路 1～4 的参考电流值，等于 $i_{ref0}/4$。

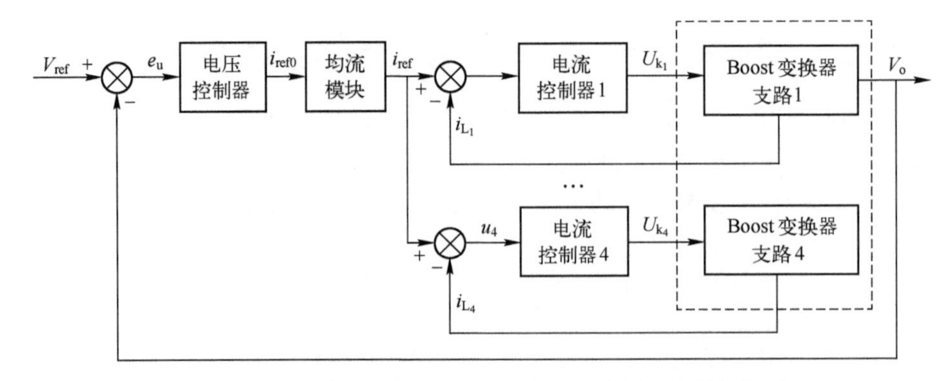

图 2-4　可调式大功率 DC/DC 变换器的双闭环控制结构图

2.2.3　可调式大功率 DC/DC 变换器的协调控制方法

为实现 DC/DC 变换器中 4 条并联的 Boost 变换器支路功率和电流的合理分配，这里提出协调控制方法，其原理示意图如图 2-5 所示。

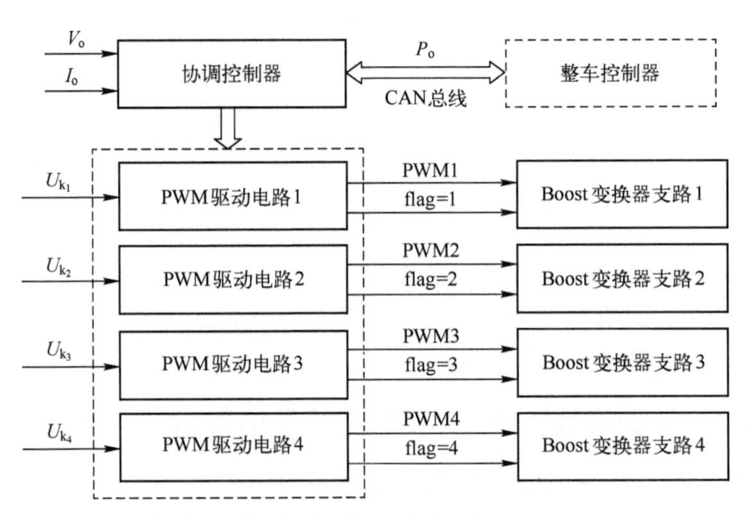

图 2-5　协调控制方法的原理示意图

在图 2-5 中，协调控制器根据可调式大功率 DC/DC 变换器的输出电流 I_o 和输出电压 V_o，计算实际输出功率（$P_t=I_oV_o$）；计算系统目标输出功率 P_o 与实际输出功率 P_t 的偏差值（$\Delta P=P_o-P_t$），再根据输出电流 I_o、输出电压 V_o 和偏差值 ΔP，采用基于功率调节的协调控制策略，确定 Boost 变换器支路控制器 1~4 的控制信号 U_{k_1} ~ U_{k_4}。

4 路控制信号 $U_{k_1} \sim U_{k_4}$ 经驱动电路形成 4 路 PWM 波信号（PWM1～PWM4），系统的目标输出功率为 P_o，基于功率调节的协调控制策略原理如下：

（1）当 $0<P_o \leqslant P_e$ 时，可调式大功率 DC/DC 变换器处于第一工作模式（flag=1），$m=1$，U_{k_2}、U_{k_3}、U_{k_4} 设为 0，U_{k_1} 有效；

（2）当 $P_e<P_o \leqslant 2P_e$ 时，可调式大功率 DC/DC 变换器处于第二工作模式（flag=2），$m=2$，U_{k_3}、U_{k_4} 设为 0，U_{k_1} 和 U_{k_2} 有效；

（3）当 $2P_e<P_o \leqslant 3P_e$ 时，可调式大功率 DC/DC 变换器处于第三工作模式（flag=3），$m=3$，U_{k_4} 设为 0，U_{k_1}、U_{k_2} 和 U_{k_3} 有效；

（4）当 $3P_e<P_o \leqslant 4P_e$ 时，可调式大功率 DC/DC 变换器处于第四工作模式（flag=4），$m=4$，U_{k_1}、U_{k_2}、U_{k_3} 和 U_{k_4} 均有效。

在协调控制策略下，控制系统根据 PWM 控制信号来调节投入运行的至少一路 Boost 变换器支路输出功率。

2.3　DC/DC 变换器滑模控制方法

针对现有控制方法对 DC/DC 变换器所带来的控制不稳定、鲁棒性较差问题，这里发明了一种应用于氢燃料汽车的 DC/DC 变换器滑模控制方法，图 2-4 的电压控制器采用滑模控制方法，电流控制器 1～4 采用电流补偿器，通过引入能量守恒关系式将 DC/DC 变换器原先的输出电压跟踪控制方式转换为能量跟踪控制方式，并设计非线性干扰观测器和滑模控制器对 DC/DC 变换器进行调节控制。

作者根据 DC/DC 变换器的拓扑结构和协调控制策略，构建广义降阶模型；将广义降阶模型转换为能量守恒关系式，同时确定匹配干扰项、不匹配干扰项和能量参考项；根据匹配干扰项和不匹配干扰项设计非线性干扰观测器，再对能量参考项进行观测估计；根据能量参考项的观测估计结果，选取一个合适的滑动面，设计使滑动面收敛为零的滑模控制器；利用预先设计的电流补偿器和滑模控制器生成 DC/DC 变换器的控制信号。该方法通过借助非线性干扰观测器和滑模控制器对 DC/DC 变换器进行能量跟踪控制。

2.3.1　广义降阶模型构建

根据 DC/DC 变换器主电路拓扑结构（图 2-2），构建出广义降阶模型的初始表达式为

$$
\begin{cases}
L_1\dfrac{\mathrm{d}i_{L_1}}{\mathrm{d}t}=V_{in}-(1-u_1)V_o\\
L_2\dfrac{\mathrm{d}i_{L_2}}{\mathrm{d}t}=V_{in}-(1-u_2)V_o\\
L_3\dfrac{\mathrm{d}i_{L_3}}{\mathrm{d}t}=V_{in}-(1-u_3)V_o\\
L_4\dfrac{\mathrm{d}i_{L_4}}{\mathrm{d}t}=V_{in}-(1-u_4)V_o\\
C\dfrac{\mathrm{d}V_o}{\mathrm{d}t}=\sum_{i=1}^{4}i_{L_i}(1-u_i)-\left(\dfrac{V_o}{R}+\dfrac{P_{CPL}}{V_o}\right)
\end{cases}
\tag{2-9}
$$

式中：$u_1=u_2=u_3=u_4=u$；$L_1=L_2=L_3=L_4=L$（见2.1.3节）；$i_{L_1}=i_{L_2}=i_{L_3}=i_{L_4}=i_L$；$R$为DC/DC变换器的内部负载电阻。

将广义降阶模型的初始表达式进行整理，得到广义降阶模型：

$$
\begin{cases}
L_{eq}\dfrac{\mathrm{d}I_{in}}{\mathrm{d}t}=[V_{in}-(1-u)V_o]\\
C\dfrac{\mathrm{d}V_o}{\mathrm{d}t}=I_{in}(1-u)-\left(\dfrac{V_o}{R}+\dfrac{P_{CPL}}{V_o}\right)
\end{cases}
\tag{2-10}
$$

式中：L_{eq}为DC/DC变换器的等效输入电感；I_{in}为4路Boost变换器支路电流之和；P_{CPL}为恒定功率负载的功率。

四相交错并联Boost变换器关联的系统传递函数为

$$
G(s)=\frac{-V_{ref}^2\left(s-\dfrac{4RV_{in}^2}{LV_{ref}^2}\right)}{CV_{in}R\left(s^2+\dfrac{s}{CR}+\dfrac{4V_{in}^2}{CLV_{ref}^2}\right)}
\tag{2-11}
$$

式中：$G(s)$为系统传递函数；s为复数；V_{ref}为输出电压参考值。

2.3.2 广义降阶模型转换为能量守恒关系式

将广义降阶模型转换为能量守恒关系式，同时确定匹配干扰项、不匹配干扰项和能量参考项。

将四相交错并联Boost变换器控制方法从原先的输出电压跟踪控制更换为系统能量跟踪控制，使系统能量能够收敛至其对应的参考值，此时可将整理得到的广义降阶模型表达式转换为能量守恒关系式，具体如下：

$$\begin{cases}\dot{x}_1 = x_2 + d_1 \\ \dot{x}_2 = k + d_2 \\ x_1 = \dfrac{1}{2}(L_{eq}I_{in}^2 + CV_o^2) \\ x_2 = V_{in}I_{in} - \dfrac{V_o^2}{R_o} \\ d_1 = -P_{CPL} - \dfrac{V_o^2}{R} + \dfrac{V_o^2}{R_o} \\ d_2 = \dfrac{2}{CR_o}\left(P_{CPL} + \dfrac{V_o^2}{R} - \dfrac{V_o^2}{R_o}\right)\end{cases} \tag{2-12}$$

同时，确定系统的能量参考项为

$$\begin{cases}x_{1ref} = \dfrac{1}{2}L_{eq}I_{ref}^2 + \dfrac{1}{2}CV_{ref}^2 \\ x_{2ref} = P_{ss} - \dfrac{V_{ref}^2}{R_o}\end{cases} \tag{2-13}$$

式中：x_1为 DC/DC 变换器的总能量；x_2为 DC/DC 变换器的总能量变化率；$\dot{x}_1$为总能量 x_1 的一阶导数；$\dot{x}_2$为总能量变化率的一阶导数；k 为虚拟控制律；d_1为匹配干扰项；d_2为不匹配干扰项；R_o为 DC/DC 变换器的实际运行电阻；x_{1ref}为总能量参考值；V_{ref}为输出电压 V_o的参考值；x_{2ref}为总能量变化率参考值。

在不考虑四相交错并联 Boost 变换器的损耗时，可得

$$\begin{cases}I_{ref} = \dfrac{P_{ss}}{V_{in}} \\ P_{ss} = \left(\dfrac{V_{ref}^2}{R} + P_{CPL}\right)\end{cases} \tag{2-14}$$

式中：P_{ss}为 DC/DC 变换器处于稳态工作时的输出总功率。

2.3.3　非线性干扰观测器设计

根据匹配干扰项和不匹配干扰项设计出非线性干扰观测器为

$$\begin{cases}\hat{d}_1=k_{d_1}x_1+\beta_1\\ \hat{d}_2=k_{d_2}x_2+\beta_2\\ \beta_1=-k_{d_1}(x_2+\hat{d}_1)\\ \beta_2=-k_{d_2}(x_2+\hat{d}_2)\end{cases} \tag{2-15}$$

式中：$\hat{d}_1$为针对匹配干扰项 d_1的输出值；$\hat{d}_2$为针对不匹配干扰项 d_2的输出值；k_{d_1}和 k_{d_2}为观测器增益；β_1和 β_2为观测器内部变量状态。

利用非线性干扰观测器对能量参考项进行观测估计，可得

$$\begin{cases}\hat{x}_{1\text{ref}}=\dfrac{1}{2}\dfrac{L_{\text{eq}}}{V_{\text{in}}^2}\left(\dfrac{V_{\text{ref}}^2}{R_{\text{o}}}-\hat{d}_1\right)+\dfrac{1}{2}CV_{\text{ref}}^2\\ \hat{x}_{2\text{ref}}=-\hat{d}_1\end{cases} \tag{2-16}$$

式中：$\hat{x}_{1\text{ref}}$为总能量参考值 $x_{1\text{ref}}$的观测估计结果；$\hat{x}_{2\text{ref}}$为总能量变化率参考值 $x_{2\text{ref}}$的观测估计结果。

利用非线性干扰观测器对能量参考项进行观测，实际上包含两个步骤：

（1）利用非线性干扰观测器计算得到输出总功率 P_{ss}的观测结果为$\hat{P}_{\text{ss}}=\dfrac{V_{\text{ref}}^2}{R_{\text{o}}}-\hat{d}_1$；

（2）利用非线性干扰观测器根据该观测结果$\hat{P}_{\text{ss}}$再对能量参考项进行观测。

2.3.4 滑动面收敛为零的滑模控制器设计

根据能量参考项的观测估计结果选取一个合适的滑动面，设计使滑动面收敛为零的滑模控制器。

根据能量参考项的观测估计结果，选取一个合适的滑动面为

$$s=a(x_1-\hat{x}_{1\text{ref}})+(x_2-\hat{x}_{2\text{ref}})-\dot{\hat{x}}_{1\text{ref}} \tag{2-17}$$

式中：s 为滑动面；a 为滑模控制器增益；$\dot{\hat{x}}_{1\text{ref}}$为观测值$\hat{x}_{1\text{ref}}$的一阶导数。

为了使滑动面 s 可以收敛到零，确定设计出的滑模控制器对应的控制律为

$$u_{\text{kx}}=-a(x_2-\hat{x}_{2\text{ref}}-\dot{\hat{x}}_{1\text{ref}})+\ddot{\hat{x}}_{1\text{ref}}-\dot{\hat{d}}_1-\hat{d}_2-k_{s_1}\text{sgn}(s)-k_{s_2}s \tag{2-18}$$

式中：u_{kx}为滑模控制器对应的控制律；$\ddot{\hat{x}}_{1\text{ref}}$为观测估计结果$\hat{x}_{1\text{ref}}$的二阶导数；$\dot{\hat{d}}_1$为干扰观测器执行一阶求导运算后的输出值；$k_{s_1}$为等速控制增益；$k_{s_2}$为比例控制增益；sgn 为符号函数。

2.3.5 DC/DC 变换器的控制信号生成

利用滑模控制器与设计的电流补偿器，生成 DC/DC 变换器的控制信号。带有电流补偿的电流环结构如图 2-6 所示。

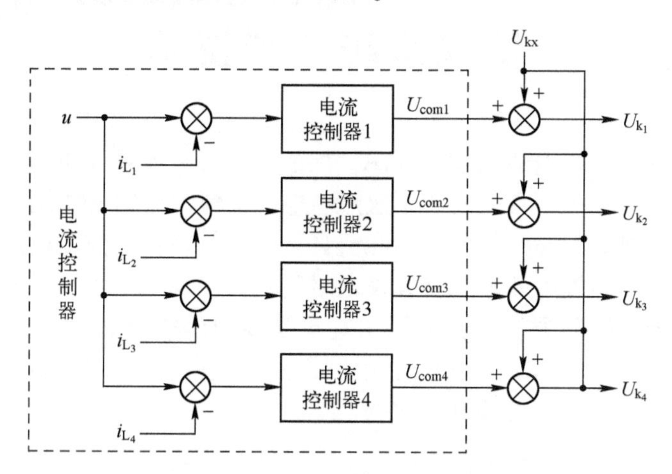

图 2-6　带有电流补偿的电流环结构图

电流补偿器的设置目的在于使第 i 个 Boost 变换器支路的流经电流可以跟踪预先设定的电流参考值 u，在电流控制器选用 PI 控制策略，此时电流补偿器可对第 i 个 Boost 变换器支路进行补偿调整。电流补偿器对 DC/DC 变换器的第 i 个 Boost 变换器支路的补偿调整结果为

$$u_{comi} = k_P(u - i_{L_i}) + k_I\int(u - i_{L_i})\mathrm{d}t \tag{2-19}$$

式中：k_P为比例系数；k_I为积分系数。

在电流补偿器和滑模控制器的共同作用下，生成任意一个 Boost 变换器支路的开关管控制信号为

$$U_{k_i} = U_{kx} + U_{comi},\quad i = 1,2,3,4 \tag{2-20}$$

第3章　氢燃料电池系统供气系统控制技术

为了提高氢燃料电池的发电效率，保证氢燃料电池系统输出功率稳定、快速达到目标功率输出，首先发明了氢燃料电池的氢气与空气协调控制方法，旨在通过自动调节氢气与空气的压力和流量，保持氢燃料电池的输出电流和电压在最佳范围，提高发电效率和持续发电时间；其次发明了质子交换膜燃料电池空气供给系统的控制方法，旨在利用基于模糊和沙猫群的 PID 参数优化方法计算空气控制信号，以维持氧气过量比的最佳状态，提高净输出功率，确保燃料电池空气供给系统的可靠性和效率。

3.1　氢燃料电池的氢气与空气协调控制方法

针对现有方法不能同时保证氢燃料电池的输出电流和输出电压保持在最佳范围，以及氢气进气量和空气进气量的及时调控，造成了氢燃料电池的发电效率低下且持续发电时间较短等问题，因此发明了一种氢燃料电池的氢气与空气协调控制方法。

根据氢燃料电池的氢气与空气协调控制系统结构，提出优化策略，实时修正氢气给定信号和空气给定信号，以及氢气和空气的协调控制，确保氢燃料电池按电堆进气功率曲线运行。

3.1.1　氢燃料电池的氢气与空气协调控制系统结构

氢燃料电池的氢气与空气协调控制方法由氢燃料电池的氢气与空气协调控制系统实现，其结构如图 3-1 所示。

协调控制系统包括优化模块、输出功率模块、空气控制器、氢气控制器、空气压力传感器、空气压缩机电机驱动器、氢气压力传感器、氢气调节阀等。

3.1.2　氢燃料电池的氢气与空气协调控制方法原理

氢燃料电池的氢气与空气协调控制方法由协调控制系统实现。其优化模块根据汽车的当前工况确定氢燃料电池系统的目标功率 P_o；根据目标功率 P_o 得到空气给定信号 U_{Os} 和氢气给定信号 U_{Hs}，采用氢气回路与空气回路各自的闭环反馈控制自动调节氢气与空气的压力和流量；当功率偏差量值大于设定阈值时，修正氢气给定信号和空气给定信号，实现氢气和空气的协调控制，确保氢燃料电池按电堆进气功率曲线运行。协调控制方法可以自动快速调节氢气与空气的流量和压力，保证氢燃料电池系统输出功率稳定、快速达到目标功率 P_o 输出。具体实现步骤如下。

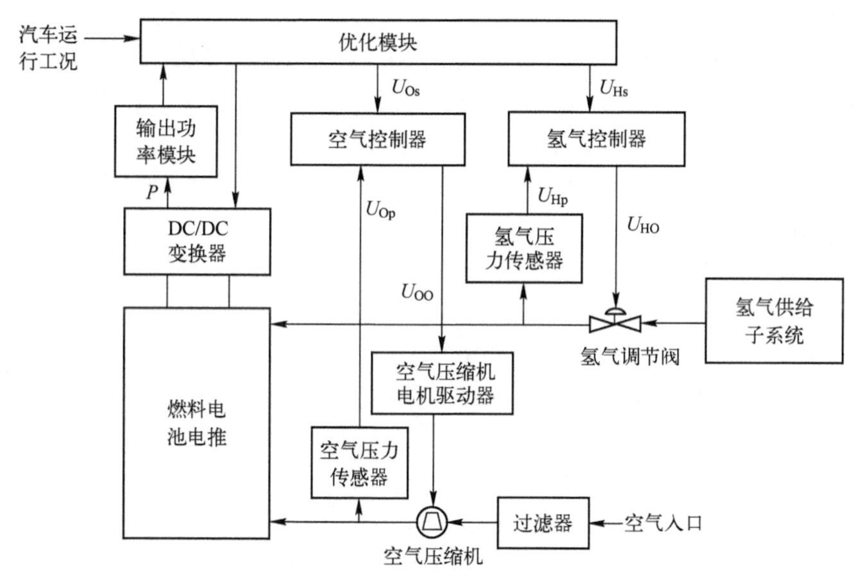

图 3-1　氢燃料电池的氢气与空气协调控制系统结构

（1）初始化：当协调控制系统进入开机模式时，优化模块根据汽车的当前工况确定氢燃料电池系统的目标功率 P_o，依据目标功率 P_o 和电堆进气功率曲线确定空气初始信号 U_{Os0} 和氢气初始信号 U_{Hs0}；设定空气控制器的空气给定信号 $U_{Os}=U_{Os0}$，氢气控制器的氢气给定信号 $U_{Hs}=U_{Hs0}$。

燃料电池电堆进气功率曲线指氢燃料电池系统输出功率与需氢气量和空气量的关系曲线，可以通过实验测试得到，氢燃料电池系统输出功率就是 DC/DC 变换器输出功率 P。

（2）自动调节：在空气回路中，空气控制器根据空气给定信号 U_{Os} 和空气压力传感器检测的空气进气压力 U_{Op}，计算其偏差，再采用常规控制算法（如 PID 算法或模糊控制算法），得到控制信号 U_{OO}；空气压缩机电机驱动器依据 U_{OO} 自动调节其速度，实现自动调节空气的流量和压力。

氢气回路中，氢气控制器根据氢气给定信号 U_{Hs} 和氢气压力传感器检测的氢气进气压力 U_{Hp}，计算其差值；采用常规控制算法（如 PID 算法或模糊控制算法），得到控制信号 U_{HO}；控制信号 U_{HO} 作用于氢气调节阀的开合度，实现自动调节氢气的流量和压力。

（3）优化模块计算 DC/DC 变换器输出功率的当前值 $P(k)$ 与前一时刻值 $P(k-1)$ 之差，得到功率增量 $\Delta P_t(k)$，即 $\Delta P_t(k)=P(k)-P(k-1)$；计算 DC/DC 变换器当前输出功率 $P(k)$ 与目标功率 P_o 之差，得到功率偏差 $\Delta P(k)$，即 $\Delta P(k)=P(k)-P_o$。

（4）优化判断：设 F_t 表示功率增量 $\Delta P_t(k)$ 的阈值，取大于 0 的常数，由氢燃料电池系统输出功率的控制精度确定，F_t 值越小，精度越高；当 $|\Delta P_t(k)|\leqslant F_t$ 时，转入步骤（5），否则转入步骤（2）。

（5）优化模块通过优化策略，修正氢气给定信号和空气给定信号，具体如下：

设 F_1、F_2 和 F_3 分别为功率偏差 $\Delta P(k)$ 的第一阈值、第二阈值和第三阈值，且 $F_2>F_1$，$F_3>F_1$，其值越小表示调节氢气与空气越频繁；设 $U_{Os}(k)$ 和 $U_{Hs}(k)$ 分别表示氢气给定信号 H_s 和空气给定信号 O_s 的当前时刻值；设正数 C_1 和 C_3 为氢气给定信号的修正量，正数 C_2 和 C_4 为空气给定信号的修正量。

当 $|\Delta P(k)|\leqslant F_1$，氢气给定信号和空气给定信号保持不变，即 $U_{Os}=U_{Os}(k)$，$U_{Hs}=U_{Hs}(k)$，转入步骤（2）。

当 $\Delta P(k)>0$ 且 $F_1<|\Delta P(k)|\leqslant F_2$ 时，$U_{Os}=U_{Os}(k)$，$U_{Hs}=U_{Hs}(k)$，采用常规脉宽调制技术，得到占空比可调的 PWM 波，调整 DC/DC 变换器，使 DC/DC 变换器的输出功率 $P(k)$ 降低，直至 $|\Delta P(k)|\leqslant F_1$ 为止，转入步骤（2）。

当 $\Delta P(k)>0$ 且 $|\Delta P(k)|>F_2$ 时，减少氢气给定信号 U_{Hs} 和空气给定信号 U_{Os}，即 $U_{Hs}=U_{Hs}(k)-C_1$，$U_{Os}=U_{Os}(k)-C_2$，转入步骤（2）。

当 $\Delta P(k)<0$ 且 $|\Delta P(k)|>F_3$ 时，增加氢气给定信号 U_{Hs} 和空气给定信号 U_{Os}，即 $U_{Hs}=U_{Hs}(k)+C_3$，$U_{Os}=U_{Os}(k)+C_4$，转入步骤（2）。

通过上述步骤（1）~步骤（5），实现氢气和氧气的协调控制，使 DC/DC 变换器输出功率与目标功率的功率偏差量的绝对值小于等于功率偏差 $\Delta P(k)$ 的第一阈值，即 $|\Delta P(k)|\leqslant F_1$。

3.2 质子交换膜燃料电池空气供给系统的控制方法

当供给到燃料电池电堆的氧气量超过设定阈值时，燃料电池电堆的输出电压不能升高，并且会增大空气供给系统的损耗，从而降低燃料电池电堆的净输出功率，严重时会因空气压力过高而损坏质子交换膜；与之相反，当供给到燃料电池电堆的氧气量不足时，会产生“氧饥饿”现象，从而降低燃料电池电堆的净输出功率。因此，如何有效地控制燃料电池空气供给系统以使供给到燃料电池电堆的空气量充足且适量，由此来维持氧气过量比处于最佳状态，是实现燃料电池电堆的净输出功率提高需要解决的问题。为此，作者发明了质子交换膜燃料电池空气供给系统的控制方法。本方法可以更为可靠地确定燃料电池空气供给系统中空气压缩机需要的控制信号，来维持氧气过量比处于最佳状态，提高燃料电池电堆的净输出功率。

3.2.1　质子交换膜燃料电池空气供给系统的控制系统组成

燃料电池空气供给系统的控制方法由燃料电池空气供给子系统实现，其控制系统组成框图如图 3-2 所示。

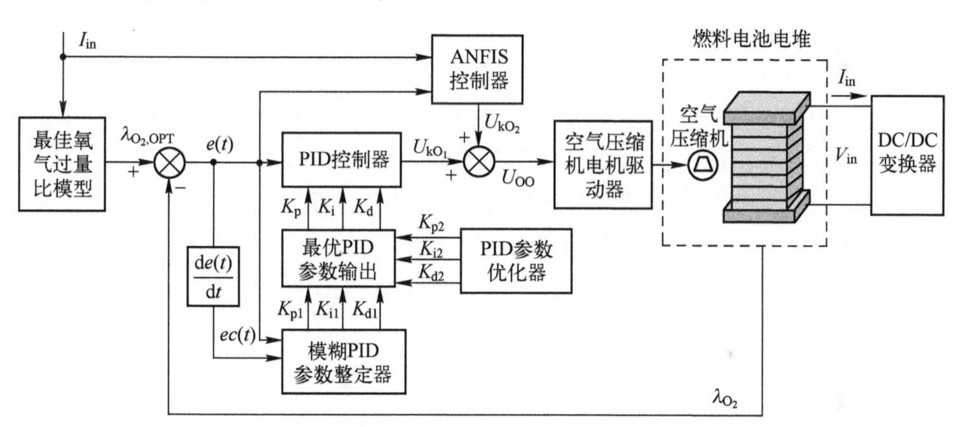

图 3-2　燃料电池空气供给子系统的控制系统组成框图

在图 3-2 中，I_{in}和 V_{in}分别为当前电堆负载电流和电压；$\lambda_{O_2,OPT}$为不同电堆负载电流下的最佳氧气过量比，将当前电堆负载电流 I_{in}代入最佳氧气过量比模型［式（3-7）］中计算得到；λ_{O_2}为当前运行时的氧气过量比；$e(t)$为氧气过量比偏差，即 $e(t)=\lambda_{O_2,OPT}-\lambda_{O_2}$；$ec(t)$为对 $e(t)$求导得到的氧气过量比偏差变化率；K_{p1}、K_{i1}和 K_{d1}分别为“模糊 PID 参数整定器”得到的 PID 比例、积分和微分系数；K_{p2}、K_{i2}和 K_{d2}分别为“参数优化器”得到的 PID 比例、积分和微分系数；K_p、K_i和 K_d分别为 PID 控制器的最优 PID 参数；U_{k01}为 PID 控制器输出的空气控制信号；U_{k02}为自适应神经模糊推理系统（adaptive neuro-fuzzy inference system，ANFIS）控制器输出的补偿空气控制信号；U_{OO}为空气压缩机空气控制信号。

3.2.2 质子交换膜燃料电池空气供给系统的控制方法原理

本小节以电堆输出净功率最大化为控制目标，结合负载电流、燃料电池输出净功率，以四阶非线性状态空间模型为基础搭建质子交换膜燃料电池空气供给系统的数学模型，创建电堆负载电流与最佳氧气过量比之间的拟合关系式，确定整个控制过程中所需要依赖的氧气过量比偏差；模糊控制器根据氧气过量比偏差和氧气过量比偏差变化率来确定 PID 参数，并且在模糊参数整定器中采用沙猫群优化算法以根据氧气过量比偏差迭代更新 PID 参数，由此可以进一步确定 PID 控制器当前所需的最优 PID 参数，使更新后的 PID 控制器可以根据氧气过量比偏差来确定更为可靠的驱动电压 U_{k01}；为了克服 PID 控制器可能存在的抗干扰能力差的问题，根据电堆负载电流和氧气过量比偏差设计 ANFIS 控制器输出补偿驱动电压 U_{k02}，从而确定质子交换膜燃料电池空气供给系统当前所需要的空压机驱动电压为 $U_{k0}=U_{k01}+U_{k02}$，进而使燃料电池电堆有充足且适量的空气量输入以维持氧气过量比处于最佳状态。具体流程如下：

（1）根据质子交换膜燃料电池空气供给系统的数学模型和历史运行数据集合，构建电堆负载电流与最佳氧气过量比之间的拟合关系式；

（2）将当前电堆负载电流 I_{in} 代入拟合关系式得到 $\lambda_{O_2,OPT}$，再结合 λ_{O_2} 确定氧气过量比偏差 $e(t)$ 和氧气过量比偏差变化率 $ec(t)$；

（3）模糊控制器根据 $e(t)$ 和 $ec(t)$ 来确定其 PID 参数，对 $e(t)$ 和 $ec(t)$ 进行处理，得到最优 PID 参数 K_p、K_i 和 K_d；

（4）根据 K_p、K_i 和 K_d 对 PID 控制器进行更新，计算得到空气控制信号 U_{k01}；

（5）利用 ANFIS 控制器得到补偿空气控制信号 U_{k02}；

（6）U_{k01} 和 U_{k02} 之和为空气压缩机空气控制信号 U_{OO}，实现空气压缩机的调速，进而达到调整氧气过量比的目的。

3.3 质子交换膜燃料电池空气供给子系统的数学模型

空气供给子系统的数学模型为

$$\begin{cases}\boldsymbol{x}=[x_1,x_2,x_3,x_4]^{\mathrm{T}}\\ \boldsymbol{y}=[y_1,y_2,y_3]^{\mathrm{T}}=[y_1(x_1,x_2),x_4,y_3(x_3,x_4)]^{\mathrm{T}}\end{cases} \tag{3-1}$$

式中：$\boldsymbol{x}$ 为输入向量；x_1 为电堆阴极侧的氧气分压；x_2 为电堆阴极侧的氮气分压；x_3 为空气压缩机的转速；x_4 为供应歧管的压力；$\boldsymbol{y}$ 为输出向量；y_1 为电堆

电压，其可以由电堆阴极侧的氧气分压 x_1 和氮气分压 x_2 来影响取值结果；y_2 为供应歧管的压力，即 $y_2=x_4$；y_3 为空压机的流量，其可以由空压机的转速 x_3 和供应歧管的压力 x_4 来影响取值结果；T 为转置符号。

基于电化学反应原理、热力学和流体流动原理，推导出空气供给子系统的四阶非线性状态空间模型为

$$\begin{cases}\dot{x}_1=c_1(-x_1-x_2+x_4-c_2)-\dfrac{c_3x_1W(x_1,x_2)}{c_4x_1+c_5x_2+c_6}-c_7d\\ \dot{x}_2=c_8(-x_1-x_2+x_4-c_2)-\dfrac{c_3x_2W(x_1,x_2)}{c_4x_1+c_5x_2+c_6}\\ \dot{x}_3=-c_9x_3-\dfrac{c_{10}}{x_3}\left[\left(\dfrac{x_4}{c_{11}}\right)^{c_{12}}-1\right]y_3(x_3,x_4)+c_{13}u\\ \dot{x}_4=c_{14}\left\{1+c_{15}\left[\left(\dfrac{x_4}{c_{11}}\right)^{c_{12}}-1\right]\right\}\cdot[y_3(x_3,x_4)-c_{16}(-x_1-x_2+x_4-c_2)]\end{cases} \tag{3-2}$$

式中：

$$W(x_1,x_2)=\begin{cases}c_{17}(x_1+x_2+c_2)\left(\dfrac{c_{11}}{x_1+x_2+c_2}\right)^{c_{18}}\sqrt{1-\left(\dfrac{c_{11}}{x_1+x_2+c_2}\right)^{c_{12}}}, & \dfrac{c_{11}}{x_1+x_2+c_2}>c_{19}\\ c_{20}(x_1+x_2+c_2), & \dfrac{c_{11}}{x_1+x_2+c_2}\leqslant c_{19}\end{cases}$$

$c_1=\dfrac{RT_{\mathrm{st}}k_{\mathrm{ca,in}}}{M_{\mathrm{O_2}}V_{\mathrm{ca}}}\times\dfrac{x_{\mathrm{O_2,atm}}}{1+\omega_{\mathrm{atm}}}$，$c_2=P_{\mathrm{sat}}$，$c_3=\dfrac{RT_{\mathrm{st}}}{V_{\mathrm{ca}}}$，$c_4=M_{\mathrm{O_2}}$，$c_5=M_{\mathrm{N_2}}$，$c_6=M_{\mathrm{v}}P_{\mathrm{sat}}$，

$c_7=\dfrac{RT_{\mathrm{st}}n}{4FV_{\mathrm{ca}}}$，$c_8=\dfrac{RT_{\mathrm{st}}k_{\mathrm{ca,in}}}{M_{\mathrm{N_2}}V_{\mathrm{ca}}}\times\dfrac{1-x_{\mathrm{O_2,atm}}}{1+\omega_{\mathrm{atm}}}$，$c_9=\dfrac{\eta_{\mathrm{cm}}k_{\mathrm{t}}k_{\mathrm{v}}}{J_{\mathrm{cp}}R_{\mathrm{cm}}}$，$c_{10}=\dfrac{C_{\mathrm{p}}T_{\mathrm{atm}}}{J_{\mathrm{cp}}\eta_{\mathrm{cp}}}$，$c_{11}=P_{\mathrm{atm}}$，

$c_{12}=\dfrac{\gamma-1}{\gamma}$，$c_{13}=\dfrac{\eta_{\mathrm{cm}}k_{\mathrm{t}}}{J_{\mathrm{cp}}R_{\mathrm{cm}}}$，$c_{14}=\dfrac{RT_{\mathrm{atm}}}{M_{\mathrm{a,atm}}V_{\mathrm{sm}}}$，$c_{15}=\dfrac{1}{\eta_{\mathrm{cp}}}$，$c_{16}=k_{\mathrm{ca,in}}$，$c_{17}=\dfrac{C_{\mathrm{D}}A_{\mathrm{T}}}{\sqrt{RT_{\mathrm{st}}}}\times\sqrt{\dfrac{2\gamma}{\gamma-1}}$，

$c_{18}=\dfrac{1}{\gamma}$，$c_{19}=\left(\dfrac{2}{\gamma+1}\right)^{\frac{\gamma}{\gamma-1}}$，$c_{20}=\dfrac{C_{\mathrm{D}}A_{\mathrm{T}}}{\sqrt{RT_{\mathrm{st}}}}\times\gamma^{0.5}\times\left(\dfrac{2}{\gamma+1}\right)^{\frac{\gamma+1}{2\gamma-2}}$，$x_{\mathrm{O_2,atm}}=\dfrac{y_{\mathrm{O_2,atm}}M_{\mathrm{O_2}}}{M_{\mathrm{a,atm}}}$，

$\omega_{\mathrm{atm}}=\dfrac{M_{\mathrm{v}}}{M_{\mathrm{a,atm}}}\times\dfrac{\phi_{\mathrm{atm}}P_{\mathrm{sat}}}{P_{\mathrm{atm}}-\phi_{\mathrm{atm}}P_{\mathrm{sat}}}$，$d=I_{\mathrm{in}}$，$u=V_{\mathrm{cm}}$。

式中：$\dot{x}_1$ 对应为 x_1 的状态变量；$\dot{x}_2$ 对应为 x_2 的状态变量；$\dot{x}_3$ 对应为 x_3 的状态变量；$\dot{x}_4$ 对应为 x_4 的状态变量；$c_1\sim c_{20}$、d、u、$x_{\mathrm{O_2,atm}}$、ω_{atm} 均为指代参数，各自具有相应的求解式；$W(x_1,x_2)$ 为电堆阴极出口处的总流速函数，其可以由电堆阴极侧的氧气分压 x_1 和氮气分压 x_2 来影响取值结果；R 为通用气体常数

[取值为 8.3145J/(mol·K)]；T_{st}为燃料电池电堆温度（取值为 353k）；$k_{ca,in}$为供应管口孔常数［取值为 0.3629×10^{-5}kg/(Pa·s)］；M_{O_2}为氧气摩尔质量（取值为 0.032kg/mol）；V_{ca}为阴极体积（取值为 0.01m^3）；P_{sat}为水蒸气饱和压力（取值为 47030Pa）；M_{N_2}为氮气摩尔质量（取值为 0.028kg/mol）；M_v为水蒸气摩尔质量（取值为 0.018kg/mol）；n 为电堆电池个数（取值为 381）；η_{cm}为空压机效率（取值为 0.8）；k_t为电机转矩常数［取值为 0.0156(N·m)/A］；k_v为电机反电动势常数［取值为 0.0123V/(rad/s)］；J_{cp}为空压机转动惯量（取值为 5×10^{-5}kg·m^2）；R_{cm}为空气压缩机电机阻力（取值为 0.82Ω）；C_p为空气比热容［取值为 1004J/(mol·K)］；T_{atm}为环境温度（取值为 296K）；η_{cp}为电机效率（取值为 0.98）；P_{atm}为大气压力（取值为 101325Pa）；γ 为空气比热容比（取值为 1.4）；$M_{a,atm}$为空气摩尔质量（取值为 0.029kg/mol）；V_{sm}为供应歧管的体积（取值为 0.02m^3）；C_D为节流阀流量系数（取值为 0.0124）；A_T为阴极出口节气门面积（取值为 0.002m^2）；$y_{O_2,atm}$为氧气摩尔分数（取值为 0.21m^3）；ϕ_{atm}为相对湿度（取值为 0.5）；V_{cm}为空压机空气控制信号。

对空气供给子系统的输出变量 y_2和 y_3进行展开如下：

$$\begin{cases} y_1 = V_{in} = n\cdot V = n\cdot(E_{nernst} - E_{act} - E_{ohmic} - E_{con}) \\ y_3(x_3, x_4) = \dfrac{y_3^{max} x_3}{x_3^{max}} \times [1 - e^k] \end{cases} \tag{3-3}$$

式中：

$$E_{nernst} = 1.229 - 0.85\times10^{-3}(T_{st} - 298.15) + 4.3085\times10^{-5} T_{st}\left(\ln x_1 + \frac{1}{2}\ln x_2\right);$$

$$E_{act} = V_0 + V_a(1 - e^{-\eta_1 i}),\quad V_0 = 0.279 - 8.5\times10^{-4}(T_{st} - 298.15) + 4.3085\times 10^{-5} T_{st}\left[\begin{array}{l}\ln\left(\dfrac{p_{ca} - p_{sat}(T_{st})}{1.01325}\right) \\ +\dfrac{1}{2}\ln\left(\dfrac{0.1173(p_{ca} - p_{sat}(T_{st}))}{1.01325}\right)\end{array}\right];$$

$$V_a = (-5.8\times10^{-4} T_{st} + 0.5736) + (1.8\times10^{-4} T_{st} - 0.166)\left(\frac{x_1\times10^{-5}}{0.1173} + p_{sat}(T_{st})\right) + (-1.618\times10^{-5} T_{st} + 1.618\times10^{-2})\left(\frac{x_1\times10^{-5}}{0.1173} + p_{sat}(T_{st})\right)^2;$$

$$p_{ca} = (x_1 + x_2 + c_2)\times10^{-5},\quad E_{ohmic} = i\cdot R_{ohmic};$$

$$R_{ohmic} = (0.005139\lambda_{mem} - 0.00326)e^{350\left(\frac{1}{303} - \frac{1}{T_{st}}\right)},\quad E_{con} = i\cdot\left(\eta_2 \frac{i}{i_{max}}\right)^{\eta_3};$$

$$\eta_2=\begin{cases}(7.16\times10^{-4}\times T_{st}-0.622)\left(\dfrac{x_1\times10^{-5}}{0.1173}+p_{sat}(T_{st})\right)+(-1.45\times10^{-3}\times T_{st}+1.68)\\ \left(\dfrac{x_1\times10^{-5}}{0.1173}+p_{sat}(T_{st})\right)<2\\ (8.66\times10^{-5}\times T_{st}-0.068)\left(\dfrac{x_1\times10^{-5}}{0.1173}+p_{sat}(T_{st})\right)+(-1.6\times10^{-4}\times T_{st}+0.54)\\ \left(\dfrac{x_1\times10^{-5}}{0.1173}+p_{sat}(T_{st})\right)\geqslant2\end{cases};$$

$$k=\frac{-r_c\left(s_c+\dfrac{x_3^2}{q_c}-x_4\right)}{s_c+\dfrac{x_3^2}{q_c}-x_4^{\min}}。$$

式中：V 为电堆中的单体电压；E_{nernst} 为热力学电动势；E_{act} 为活化损失电压；E_{ohmic} 为欧姆损失电压；E_{con} 为浓差损失电压；$y_3^{\max}$ 为空气压缩机的最大流量（取值为 0.0975kg/s）；$x_3^{\max}$ 为空气压缩机的最大转速（取值为 11500rad/s）；e 为指数符号；k 为指代参数，其具有相应的求解式；T_{st} 为电堆温度；V_0 为电流密度为零时的激活电压；V_a 为氧气压强和电堆温度相关参数；η_1 为影响系数（取值为 10）；p_{ca} 为阴极压强；$p_{sat}(T_{st})$ 为 T_{st} 温度下的压强（温度 80℃下取值为 0.4128bar）；R_{ohmic} 为质子交换膜的等效电阻；λ_{mem} 为膜含水量（取值为 14）；i 为电流密度，取值为 2.2A/cm^2；η_2 为反应物气体压强和温度相关的参数；η_3 为反应物气体温度的影响系数（取值为 2）；i_{max} 为电堆的最大电流密度（取值为 2.2A/cm^2）；r_c 为与空气压缩机影响系数（取值为 15）；s_c 为压强相关系数（取值为 10^5Pa）；q_c 为空气压缩机压强相关系数［取值为 462.25rad^2/(Pa · s)］；$x_4^{\min}$ 为供应歧管的最小压力（取值为 5000Pa）。

3.4　最佳氧气过量比模型

基于以上构建的空气供给子系统的数学模型，根据电堆负载电流 I_{in} 和空气压缩机空气控制信号 U_{00}，构建电堆输出净功率的数学模型，即

$$z_1=y_1I_{in}-c_{21}U_{00}(U_{00}-c_{22}x_3) \tag{3-4}$$

式中：z_1 为电堆输出净功率；c_{21}、c_{22} 均称为指代参数，$c_{21}=1/R_{cm}$。

1. 构建氧气过量比的数学模型

基于以上构建的空气供给子系统的数学模型，根据电堆负载电流 I_{in}，构建氧气过量比的数学模型，即

$$z_2=\frac{c_{23}}{c_{24}I_{in}}(x_4-x_2-x_1-c_2) \tag{3-5}$$

式中：z_2为氧气过量比；c_{23}和 c_{24}均为指代参数，具有相应的求解式：

$$\begin{cases} c_{23}=k_{ca,in}\times\dfrac{x_{O_2,atm}}{1+\omega_{atm}} \\ c_{24}=\dfrac{nM_{O_2}}{4F} \end{cases} \tag{3-6}$$

式中：F 为法拉第常数（取值为 96485C/mol）。

2. 收集空气供给子系统历史运行数据集合

收集空气供给子系统在一段历史运行时间内实时输出的运行数据以形成历史运行数据集合，其中每个历史运行数据应当包括在一个时间点下电堆输出净功率和氧气过量比的数学模型中涉及的相关参数 y_1、x_1 ~ x_4的数据值。

3. 构建关联数据集合

将历史运行数据集合代入电堆输出净功率的数学模型［式（3-4）］和氧气过量比的数学模型［式（3-5）］，求解得到在一个时间点下的电堆输出净功率和氧气过量比，与该时间点下的电堆负载电流 I_{in}一起构成关联数据集合。

4. 最佳氧气过量比模型

以电堆输出净功率最大化为目标，利用关联数据集合，执行不同电堆负载电流下最佳过氧比曲线拟合操作，得到电堆负载电流 I_{in} 与最佳氧气过量比 $\lambda_{O_2,OPT}$的拟合关系式为

$$\lambda_{O_2,OPT}=2.473+2.396\times10^{-3}I_{in}-2.761\times10^{-5}I_{in}^2+4.323\times10^{-8}I_{in}^3 \tag{3-7}$$

式（3-7）也称为“最佳氧气过量比模型”，表示不同电堆负载电流下的最佳氧气过量比。

3.5 基于模糊和沙猫群的 PID 参数整定方法

采用基于模糊 PID 参数整定方法得到 PID 控制器的比例 K_{p1}、积分 K_{i1}和微分系数 K_{d1}；采用基于沙猫群的 PID 参数整定方法得到 PID 比例 K_{p2}、积分 K_{i2}和微分系数 K_{d2}；将二者乘积作为最优 PID 参数输出 K_p、K_i和 K_d。

3.5.1　基于模糊 PID 参数整定方法

“模糊 PID 参数整定器”采用模糊控制策略，对氧气过量比偏差和氧气过量比偏差变化率进行处理，得到 PID 控制器的比例 K_{p1}、积分 K_{i1} 和微分系数 K_{d1}。

将氧气过量比偏差和氧气过量比偏差变化率作为模糊控制器的 2 个输入变量，将 PID 参数 K_{p1}、K_{i1} 和 K_{d1} 作为模糊控制器的 3 个输出变量；确定氧气过量比偏差 $e(t)$ 的模糊论域为[-2, 2]，氧气过量比偏差变化率 $ec(t)$ 的模糊论域为[-30,30]，K_{p1}、K_{i1} 和 K_{d1} 的模糊论域均为[0,1]；构建 2 个输入变量和 3 个输出变量各自对应的模糊集，均为 {NB, NS, ZO, PS, PB}，其中，NB 指代负大型的模糊子集，NS 指代负小型的模糊子集，ZO 指代零型的模糊子集，PS 指代正小型的模糊子集，PB 指代正大型的模糊子集；构建 2 个输入变量和 3 个输出变量各自对应的隶属度函数，选用高斯函数作为隶属度函数；通过经验推理方式构建出模糊规则表，如表 3-1～表 3-3 所示。

表 3-1　K_{p1} 参数的模糊规则表

K_{p1}		$e(t)$				
		NB	NS	ZO	PS	PB
$ec(t)$	NB	NB	NB	NB	NB	NB
	NS	NS	NS	NS	NS	NS
	ZO	ZO	ZO	ZO	ZO	ZO
	PS	PS	PS	PS	PS	PS
	PB	PB	PB	PB	PB	PB

表 3-2　K_{i1} 参数的模糊规则表

K_{i1}		$e(t)$				
		NB	NS	ZO	PS	PB
$ec(t)$	NB	NS	ZO	ZO	PS	PB
	NS	ZO	ZO	ZO	PS	PS
	ZO	PS	PS	ZO	ZO	ZO
	PS	PB	PB	ZO	ZO	NS
	PB	PB	PS	ZO	NS	NB

表 3-3 K_{d1}参数的模糊规则表

K_{d1}		$e(t)$				
		NB	NS	ZO	PS	PB
$ec(t)$	NB	NB	NS	NB	NB	NB
	NS	NS	NS	NB	NB	NB
	ZO	ZO	NS	NB	NB	NB
	PS	PS	NS	NB	NB	NB
	PB	PB	NS	NB	NB	NB

模糊 PID 参数整定器步骤如下：

(1) 将氧气过量比偏差 $e(t)$ 通过对应的隶属度函数进行映射，以获取 $e(t)$的模糊子集；将氧气过量比偏差变化率 $ec(t)$ 通过对应的隶属度函数进行映射，以获取 $ec(t)$的模糊子集。

(2) 已计算获得 $e(t)$和 $ec(t)$的模糊子集，根据 K_{p1}的规则（表 3-1）可获取 K_{p1}的模糊子集；同理，根据表 3-2 和表 3-3 可以获得 K_{i1}和 K_{d1}的模糊子集。

(3) 将 K_{p1}、K_{i1} 和 K_{d1} 采用重心法去模糊化，其对应值分别为 K_{p1}、K_{i1} 和 K_{d1}。

(4) 将 K_{p1}、K_{i1}和 K_{d1}参数作为模糊 PID 参数整定器的 PID 参数输出。

3.5.2 基于沙猫群的 PID 参数整定方法

“PID 参数优化器”采用沙猫群优化算法得到 PID 比例 K_{p2}、积分 K_{i2}和微分系数 K_{d2}。

参数优化器在刚开始投入使用之后，将先由“预设运行初期”过渡到“稳定输出时期”。

1. 预设运行初期

实时接收氧气过量比偏差 $e(t)$并启用“沙猫群优化算法”完成对 PID 参数的迭代更新操作。

沙猫群优化算法中已经设置好单次迭代时长、迭代次数和适应度函数，将单次迭代时长与迭代次数的乘积作为预设运行初期限定的运行时长。

适应度函数选择采用时间和绝对偏差积分（integral of time and absolute error，ITAE）对氧气过量比偏差进行性能评价，即

$$J(\mathrm{ITAE}) = \int_{-\infty}^{+\infty} t\,|e(t)|\,\mathrm{d}t \tag{3-8}$$

式中：$J(\mathrm{ITAE})$为用于评价性能的适应度函数值。

2. 稳定输出时期

实时接收到氧气过量比偏差 $e(t)$ 之后，直接输出已保存好的最优 PID 参数。

参数优化器按以下任意一种方式输出。

(1) 在执行第一次迭代过程中：接收到 $e(t)$ 时，对 $e(t)$ 进行缓存，再输出已通过随机初始化方式生成的 PID 参数 K_{p2}、K_{i2} 和 K_{d2}。

(2) 在执行中间任意一次迭代过程中：接收到 $e(t)$ 时，对 $e(t)$ 进行缓存，再输出上一次迭代之后缓存的 PID 参数输出 K_{p2}、K_{i2} 和 K_{d2}。

(3) 在即将完成中间任意一次迭代时：接收到 $e(t)$，对 $e(t)$ 进行缓存，再利用这一迭代过程中已经缓存的 $e(t)$ 来计算适应度函数值，并与上一次迭代之后计算得到的适应度函数值进行比较，从中选择最小适应度函数值对上一次迭代之后缓存的 PID 参数执行微调操作，最后将微调后的 PID 参数 K_{p2}、K_{i2} 和 K_{d2} 进行缓存后输出。

(4) 在稳定输出时期：接收到 $e(t)$ 时，对适应度函数值大的 $e(t)$ 进行舍弃，在最后一次迭代之后留下最小适应度函数值对应的 PID 参数 K_{p2}、K_{i2} 和 K_{d2} 作为输出。

3.5.3　最优 PID 参数输出

将模糊整定 PID 参数与优化整定 PID 参数的乘积作为最优 PID 参数输出，表达式如下：

$$\begin{cases} K_p = K_{p1}K_{p2} \\ K_i = K_{i1}K_{i2} \\ K_d = K_{d1}K_{d2} \end{cases} \tag{3-9}$$

3.6　空气控制信号计算方法

PID 控制器采用 3.5 节得到的最优 PID 参数输出空气控制信号 U_{k01}，ANFIS 控制器输出补偿空气控制信号 U_{k02}，二者之和为空气压缩机空气控制信号为 U_{OO}，即 $U_{k0} = U_{k01} + U_{k02}$。

3.6.1　PID 控制器输出的空气控制信号

根据更新后的最优 PID 参数 K_p、K_i 和 K_d 进行计算，得到 PID 控制器的空气控制信号 U_{k01}，即

$$U_{\mathrm{k01}}=K_{\mathrm{p}}e(t)+K_{\mathrm{i}}\int e(t)\mathrm{d}t+K_{\mathrm{d}}\frac{\mathrm{d}e(t)}{\mathrm{d}t} \tag{3-10}$$

3.6.2 自适应神经模糊推理系统控制器输出补偿空气控制信号

ANFIS 的输入为当前电堆负载电流 I_{in}和 $e(t)$，输出为空气控制信号 U_{k02}，具体如下：

（1）通过预先实验方式获取训练数据集，再将训练数据集导入构建好的 ANFIS 控制器中。其中，训练数据集中的每个训练数据包括输 I_{in} 和 U_{k02}以及$e(t)$。

（2）在构建好的 ANFIS 控制器中完成模糊集合、模糊规则库和关联权重系数等的初始化操作，再根据训练数据集对两个输入变量和单个输出变量各自对应的模糊论域进行自动划分，以及采用高斯函数设置两个输入变量和单个输出变量各自对应的隶属度函数。

（3）设置 ANFIS 控制器的优化方法为 hybrid 算法，即偏差反向传播（error back propagation，BP）算法和最小二乘算法的结合，再设置 ANFIS 控制器的训练偏差精度和训练次数，随后控制 ANFIS 控制器自主执行训练。

第4章　电机驱动控制与调速技术

为了精确控制电机的磁场和转矩，提高电机的运行效率和动态性能，确保汽车在各种驾驶条件下的稳定性和可靠性，针对燃料电池汽车在提升电机驱动效率和优化能量管理方面的挑战，发明了氢燃料电池汽车的电机驱动与锂电池充电一体化方法，以及氢燃料电池汽车电机驱动与制动协调控制方法，解决了传统混合动力系统在能量转换和利用效率上的局限性，降低了能耗和排放；发明了基于自适应扰动观测器的永磁同步电机矢量控制方法和基于弱磁控制的汽车用永磁同步电机的调速方法，解决了永磁同步电机在不同工况下的控制精度和响应速度问题。

4.1　电机驱动与锂电池充电一体化方法

现有锂电池充电系统与电机驱动系统相互独立，两个系统各自拥有自己的主控芯片、工作电路、控制器外壳和线束等，导致制造成本较高，分别安装会造成空间浪费，且现有技术不能在电机运行及停止时给氢燃料电池充电，造成氢燃料电池能源的浪费。为此，发明了一种氢燃料电池汽车的电机驱动与锂电池充电一体化方法，集“电机驱动与锂电池充电”功能于一体，实现氢燃料电池-锂电池氢燃料电池汽车的电机驱动与锂电池充电一体化，确保永磁同步电机驱动和锂电池充电的安全、高效运行。

为了实现电机驱动和锂电池充电功能高度集成化，采用电机驱动与锂电池充电一体化装置，分时实现电机驱动（逆变DC/AC）和锂电池充电（三相交流电源经整流AC/DC），进行拓扑结构创新，简化设计。在此基础上，提出协调控制策略，根据燃料电池-锂电池氢燃料电池汽车的运行工况，电机驱动需动力源可以灵活分配，可选择“氢燃料电池供电”“锂电池供电”或“混合供电”中的一种；根据需要可以选择充电的电源方式“三相交流电源经整流供电”“电机运行时氢燃料电池系统供电”或“停车时氢燃料电池系统供电”中的一种，以提高汽车的效率和续航能力。此外，采用一个外壳，一个插头和线束，具备给锂电池充电，以及从锂电池或氢燃料电池系统中获取能源并驱动永磁同步电机的两个功能，以降低制造成本、减少质量、节省空间，便于安装，实现工艺创新。

4.1.1 电机驱动与锂电池充电一体化系统结构

氢燃料电池汽车的电机驱动与锂电池充电一体化方法采用由控制系统和电机驱动子系统、锂电池充电子系统组成的电机驱动与锂电池充电一体化装置来实现，其结构示意图如图 4-1 所示。

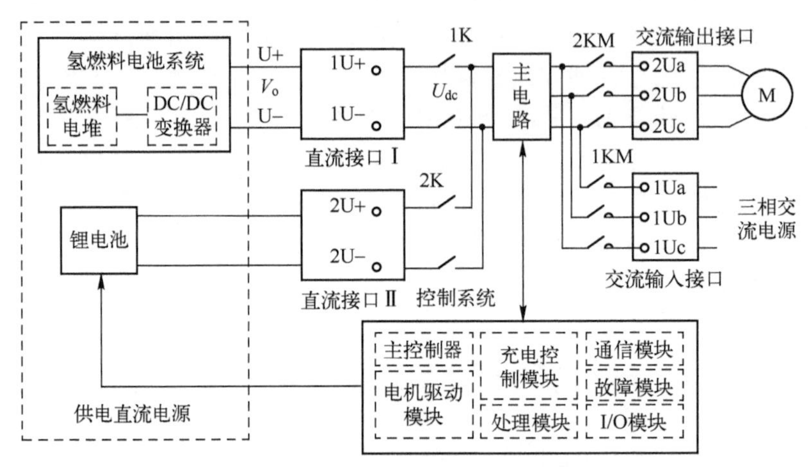

图 4-1　电机驱动与锂电池充电一体化装置结构示意图

电机驱动子系统实现永磁同步电机的电机驱动，锂电池充电子系统实现锂电池充电。电机驱动子系统与锂电池充电子系统分时共用主电路。电机驱动子系统将氢燃料电池系统输出的直流电、锂电池输出的直流电或二者混合输出的直流电转换成可调的交流电驱动永磁同步电机，带动与永磁同步电机连接的汽车运转；锂电池充电子系统将交流电整流成可调的直流电或氢燃料电池系统输出的直流电向锂电池充电；控制系统中的主控制器通过协调控制策略来控制两个子系统完成永磁同步电机驱动和锂电池充电的安全、高效运行。

永磁同步电机的电机驱动和锂电池充电之间的协同控制由控制系统实现。控制系统由主控制器、电机驱动控制模块、充电控制模块、其他模块组成，集成在一块电路印制板（PCB）上，控制系统设置 4 个 CPU，分别对应主控制器、电机驱动控制模块、充电控制模块和其他模块。

控制系统中的主控制器采用“电机驱动与充电协调控制方法”来控制 2 个子系统完成永磁同步电机驱动和锂电池充电的安全、高效运行。

其他模块包括处理模块、通信模块、故障模块和 I/O 模块，处理模块用于对脚踏板加速度和车的运行工况信息进行量化处理及滤波，处理好的信号供主控制器使用；通信模块是主控制器和外界联系的工具，用于接收外界信号、向外界发送锂电池和主控制器的状态；故障模块用于实时探测可能存在的故障、采取措施补救，以及通知使用者；I/O 模块处理开关量输入/输出信号。

将控制系统、电机驱动子系统和锂电池充电子系统等组成的电机驱动与锂电池充电一体化装置集成于一个机箱内，共享插头和线束，以降低成本、减少质量、节省空间，便于安装，适用于氢燃料电池汽车。

4.1.2　永磁同步电机的电机驱动方法

电机驱动子系统由氢燃料电池系统、锂电池、主电路、控制系统中的电机驱动控制模块、永磁同步电机、开关 1K 和开关 2K、接触器 1KM 和 2KM、直流接口 Ⅰ、直流接口 Ⅱ、交流输出接口组成；氢燃料电池系统由氢燃料电堆和 DC/DC 变换器组成。电机驱动主电路如图 4-2 所示。

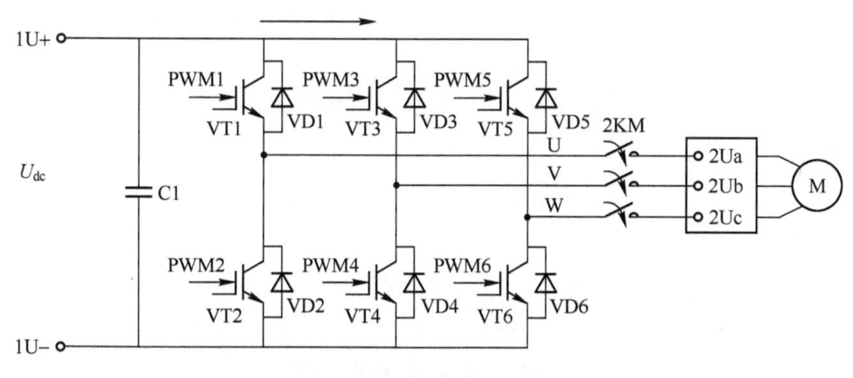

图 4-2　电机驱动主电路

实现永磁同步电机的电机驱动方法如下。

（1）实时采集脚踏板加速度和汽车的运行工况信息，从“氢燃料电池供电”“锂电池供电”“混合供电”3 种供电方式中选择其中一种作为电机驱动子系统的直流电源 U_{dc}。

当选择“氢燃料电池供电”时，开关 1K 闭合、2K 断开，接触器 1KM 断开、2KM 闭合；当选择“锂电池供电”运行时，开关 1K 断开、2K 均闭合，接触器 1KM 断开、2KM 闭合；当需要“混合供电”运行时，开关 1K 和 2K 均闭合，接触器 1KM 断开、2KM 闭合；当需要停车时，开关 1K 和 2K、接触器 1KM 和 2KM 均断开。

（2）在电机驱动子系统的直流电源作用下，由主电路、控制系统中的电机驱动控制模块、永磁同步电机组成的系统根据控制系统中的主控制器的命令将直流电转换成可调的交流电，驱动永磁同步电机，带动与永磁同步电机连接的汽车运转。

4.1.3 锂电池充电方式

锂电池充电子系统由三相交流电源、交流输入接口、氢燃料电池系统、主电路、控制系统中的充电控制模块、1KM 和 2KM、1K 和 2K 组成。锂电池充电主电路图如图 4-3 所示。

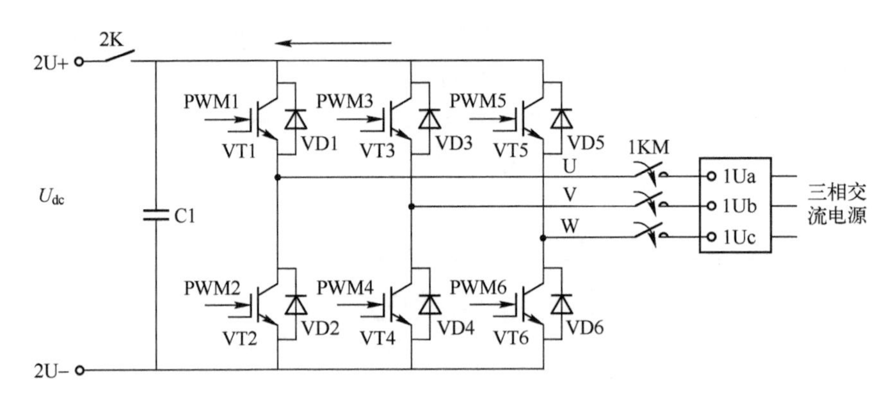

图 4-3　锂电池充电主电路图

锂电池按以下 3 种方式中的任一种进行充电。

（1）交流电源充电：汽车停止运行并且锂电池电量低于阈值时，由三相交流电源、交流输入接口、主电路、控制系统中的充电控制模块、接触器 1KM 和开关 2K 组成的系统实现对锂电池的充电。

（2）汽车运行过程中，当氢燃料电池系统输出的直流电的电压高于锂电池的电压，且锂电池电量低于阈值时，由氢燃料电池系统、开关 1K 和开关 2K、控制系统中的充电模块组成的系统实现对锂电池的充电。

（3）汽车运行过程中，汽车制动需要能量回馈，且锂电池电量低于阈值时，由永磁同步电机、接触器 2KM、主电路、开关 2K、控制系统中的充电模块组成的系统实现对锂电池的充电。

4.1.4　电机驱动与充电协调控制方法

用 SF11、SF12、SF13、SF14 分别表示电机驱动子系统的 4 种供电方式，即氢燃料电池供电、锂电池供电、混合供电、未供电；用 SF21、SF22、SF23 分别表示锂电池充电子系统的 3 种电源方式，即三相交流电源经整流供电、电机运行时氢燃料电池系统供电、停车时氢燃料电池系统供电；其值为“1”表示有效，为“0”表示无效，均通过控制系统中的主控制器来设置。协调控制策略由主控制器实现，具体如下。

1. 启动并初始化

启动控制系统；复位变量 SF11、SF12、SF13、SF14 以及 SF21、SF22、SF23，即其值均为“0”。

2. 电机运行时的协调控制方法

根据需要可以选择电机驱动子系统的 4 种供电方式中的一种。当选择“氢燃料电池供电”运行时，开关 1K 闭合，开关 2K 断开，接触器 1KM 断开，接触器 2KM 闭合，此时 SF11 =“1”；当选择“锂电池供电”运行时，开关 1K 断开，开关 2K 闭合，接触器 1KM 断开，接触器 2KM 闭合，此时 SF12 =“1”；当需要“混合供电”运行时，开关 1K 和开关 2K 均闭合，接触器 2KM 闭合，接触器 1KM 断开，此时 SF13 =“1”；当需要停车时，开关 1K、开关 2K、接触器 1KM 和接触器 2KM 均断开。

电机驱动控制模块根据 SF1i(i=1,2,3,4) 中值为“1”对应方式，并根据主控制器的命令调节电机驱动电压和电机驱动电流的大小。使用脉宽调制（PWM）法，通过调整 PWM 波的周期和占空比而达到将直流电转换成可调的交流电的目的（逆变 DC/AC）。永磁同步电机在这个交流电的驱动下旋转，进而带动和永磁同步电机连接的汽车运转。

3. 锂电池充电时的协调控制方法

根据需要可以选择 3 种充电的电源方式中的一种。当选择“三相交流电源经整流供电”充电时，开关 1K 断开，开关 2K 闭合，接触器 1KM 接通，接触器 2KM 断开，此时 SF21 =“1”；当需要“电机运行时氢燃料电池系统供电”充电时，开关 1K 和开关 2K 均闭合，接触器 1KM 断开，接触器 2KM 闭合，此时 SF22 =“1”；当需要“停车时氢燃料电池系统供电”充电时，开关 1K 和开关 2K 均闭合，接触器 1KM 和接触器 2KM 均断开，此时 SF23 =“1”。

充电控制模块根据 SF2i(i=1,2,3) 中值为“1”对应方式。当 SF21 =“1”时，通过调整 PWM 波的周期和占空比来达到将输入的交流电转换成可调的直流电的目的（整流 AC/DC）。当这个直流电的电压高于锂电池的电压时，对其进行充电。在同样的电池状态下，整流输出的直流电的电压越高，充电电流就越大。当 SF22 =“1”或当 SF23 =“1”时，氢燃料电池系统输出的直流电的电压高于锂电池的电压时，对其进行充电。

4.2 电机驱动与制动协调控制方法

针对现有氢燃料电池汽车电机驱动系统和制动系统独立运行导致制动能耗较大，且不能实现对电机驱动与制动协调控制等问题，发明了一种氢燃料电池汽车电机驱动与制动协调控制方法，集汽车线控驱动与制动协调控制功能于一体，具有以下特点。

(1) 将汽车运行状态划分为启动加速、升速、行驶、降速、刹车 5 种工况，动力方式分为锂电池供电、氢燃料电池系统供电、氢燃料电池系统和锂电池混合供电 3 种，根据实时采集油门踏板和制动踏板的位移信息，确定汽车运行状态、目标功率 P_o 和目标行驶速度 ω_{ref}。

(2) 提出动力分配策略确定动力方式，提出自动投切策略切换永磁同步电机的运行模式；提出电机驱动与制动调控制方法，实现汽车线控驱动与制动的协同控制，提高驱动和制动能力，缩短响应时间。

(3) 实现永磁同步电机发电过程中动能回收，当汽车处于刹车运行工况时，断开氢燃料电池系统，锂电池根据电池荷电状态（SOC）值的大小来决定是否进入充电状态；当锂电池进入充电模式时，双向变换模块处于整流状态，在控制系统提供的 PWM 波作用下，将永磁同步电机发出的交流电转换成直流电给锂电池充电，实现刹车运行工况的动能回收，节约能源。

4.2.1 电机驱动与制动一体化系统结构

汽车线控驱动与制动协调控制方法，可由驱动与制动协调控制一体化系统实现，电机驱动与制动一体化系统结构如图 4-4 所示。

4.2.2 电机驱动与制动一体化方法原理

(1) 汽车启动上电控制：当钥匙打到 ON 时，控制系统唤醒供电直流电源、驱动与制动协调控制一体化系统。无故障后，控制系统中的主控制器发送上电指令并控制完成高压上电，此时开关 1K 闭合，交流接触器 1KM 闭合，氢燃料电池系统开始启动发电。

(2) 控制系统中的主控制器根据实时采集油门踏板和制动踏板的位移信息，确定汽车运行状态、目标功率 P_o 和目标行驶速度 ω_{ref}。

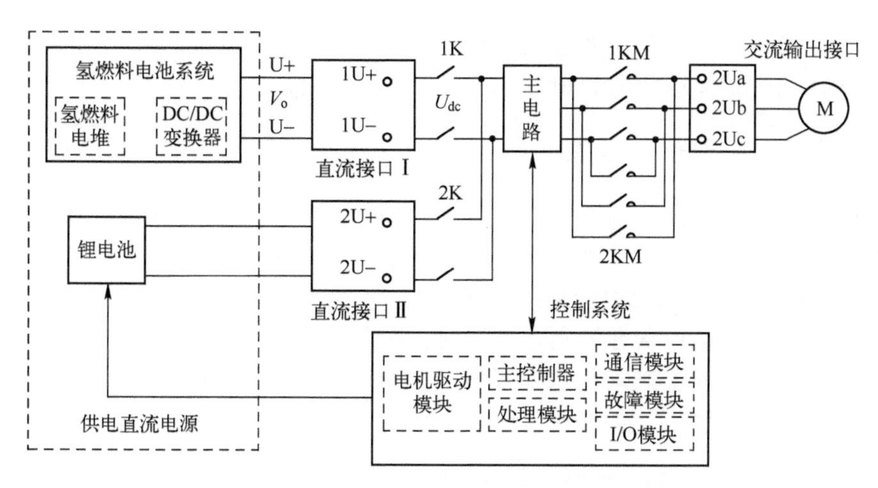

图 4-4　电机驱动与制动一体化系统结构

（3）控制系统根据汽车运行状态，采用“动力分配策略”确定动力方式，分为锂电池供电、氢燃料电池系统供电、氢燃料电池系统和锂电池混合供电 3 种。

（4）控制系统中的主控制器根据汽车运行状态，按“自动投切策略”切换永磁同步电机的运行模式。

（5）控制系统通过“电机驱动与制动协调控制方法”来调节供电直流电源、主电路的双向变换模块协同工作，保证汽车按目标行驶速度行驶。

（6）车辆关闭下电控制：钥匙由 ON 转到 OFF 时，依次断开开关 1K、交流接触器 1KM 和交流接触器 2KM，整车进入下电流程，控制系统依然保持供电直流电源；供电直流电源中的氢燃料电池系统进行降载，当其功率降到 0kW 后进行扫吹，待氢燃料电池系统关机后，控制系统进入休眠状态，下电完成。

交流接触器 1KM 断开，交流接触器 2KM 闭合，可实现永磁同步电机反转。

4.2.3　动力分配策略

设锂电池额定功率为 P_{BATe}，燃料电池系统额定功率 P_{FCe}，其中 $P_{FCe}>P_{BATe}$。

（1）当汽车运行状态为启动加速工况时，由锂电池供电。

（2）当汽车运行状态为升速工况时，氢燃料电池系统和锂电池混合供电。

（3）当汽车运行状态为行驶工况，目标功率 $P_o<P_{FCe}$ 时，氢燃料电池系统供电；当目标功率 $P_o \geq P_{FCe}$ 时，氢燃料电池系统和锂电池混合供电。

（4）汽车运行状态为降速工况时，氢燃料电池系统供电。

（5）当汽车运行状态为刹车工况时，断开氢燃料电池系统。

4.2.4 自动投切策略

（1）当汽车运行状态为升速或行驶或启动加速或降速工况时，闭合交流接触器1KM，断开交流接触器2KM，此时主电路的双向变换模块处于逆变状态，永磁同步电机切换到电动运行模式。

（2）当汽车运行状态为刹车工况时，断开交流接触器1KM，闭合交流接触器2KM，可实现永磁同步电机反转，此时主电路的双向变换模块处于整流状态，永磁同步电机为发电运行模式。

4.2.5 电机驱动与制动调控制实现

用标志位S1、S2、S3、S4和S5分别表示汽车运行的启动加速、升速、行驶、降速、刹车5种工况，有效时其值为“1”，无效时其值为“0”，同一个时间只能有一种标志位为“1”，协调控制实现如下。

1. 初始化

主控制器复位S1、S2、S3、S4和S5。

2. 置位汽车运行状态标志位

当汽车运行状态为启动加速运行工况时，置S1为“1”，其余标志位均为“0”；当汽车运行状态为升速运行工况时，置S2为“1”，其余标志位均为“0”；当汽车运行状态为行驶运行工况时，置S3为“1”，其余标志位均为“0”；当汽车运行状态为降速运行工况时，置S4为“1”，其余标志位均为“0”；永磁同步电机切换到发电运行模式时，置S5为“1”，其余标志位均为“0”。

3. 确定需求功率

根据S1、S2、S3、S4和S5的置位“1”确定需求功率。

（1）当S1为“1”时，主控制器将目标功率P_o发送给供电直流电源，由供电直流电源中的锂电池供电，按P_o提供需求功率P2。

（2）当S2为“1”时，主控制器将P_o发送给供电直流电源，由供电直流电源中的氢燃料电池系统和锂电池混合供电，按P_o提供需求功率P3。

（3）当S3为“1”且P_o小于燃料电池系统额定功率时，主控制器将P_o发送给供电直流电源，由供电直流电源中的燃料电池系统供电，根据SOC值的大小来决定是否由燃料电池系统给锂电池充电，按P_o提供需求功率P41；当S3为1且P_o等于燃料电池系统额定功率时，主控制器将P_o发送给供电直流电源，由供电直流电源中的燃料电池系统供电，按 P_o 提供需求功率 P42；当 S3 为 1 且 P_o 大于燃料电池系统额定功率时，主控制器将 P_o 发送给供电直流电源，由供电直流电源中的氢燃料电池系统和锂电池混合供电，按 P_o 提供需求功率 P43。

（4）当 S4 为“1”，主控制器将 P_o 发送给供电直流电源，由供电直流电源中的氢燃料电池系统供电，按 P_o 提供需求功率 P5。

4. 按目标行驶速度驱动汽车行驶

主控制器根据确定的需求功率 P2、P3、P41、P42、P43、P5 中的一种，采用脉冲宽调制法控制电机驱动模块产生 PWM 波，控制主电路的双向变换模块处于逆变状态，按目标行驶速度驱动汽车行驶。

5. 刹车

当 S5 为“1”时，将氢燃料电池系统输出功率降至最低，永磁同步电机速度下降为“0”，汽车实现刹车，此过程中，锂电池根据 SOC 值的大小来决定是否进入充电状态。当锂电池进入充电模式时，主电路的双向变换模块处于整流状态，在控制系统提供的 PWM 波作用下，将永磁同步电机发出的交流电转换成直流电给锂电池充电。

上述需求功率 P2、P3、P41、P42、P43、P5 为不同汽车运行状态情况下，包含永磁同步电机的需要功率和功率损耗，且均大于目标功率 P_o。

4.3　永磁同步电机矢量控制技术

永磁同步电机（PMSM）矢量控制技术，又称磁场定向控制（FOC）技术，是一种先进的电机控制策略，它能够实现对电机的精确控制，提高电机的性能。矢量控制技术具有高精度的速度控制和良好的转矩响应，可以扩展电机的调速范围，以及改善电机的启动性能和运行效率等优点，然而，矢量控制的实现计算复杂，通常需要高性能的数字信号处理器（DSP）或微控制器。此外，矢量控制的效果还依赖电机参数的准确性，因此在实际应用中需要进行参数辨识和适应性控制策略。

在实际应用中，矢量控制技术已经广泛应用于电动汽车、工业机器人、数控机床等领域，它能够提供平滑的转速控制和高效率的转矩输出。随着电力电子技术和控制算法的不断发展，矢量控制技术的性能和应用范围将会进一步扩大。

4.3.1 永磁同步电机矢量控制原理

永磁同步电机矢量控制通过控制电机的磁通和转矩来实现精确的速度和位置控制。矢量控制的基本思想是模仿直流电机的磁场定向方式，通过 Clark 变换和 Park 变换将电机的三相电流转换到两相正交坐标系中，然后通过电流控制器分别控制这两个分量。d 轴电流主要负责励磁，q 轴电流则负责产生转矩，从而实现对电机转矩和磁通的独立控制。

永磁同步电机矢量控制结构示意图如图 4-5 所示。

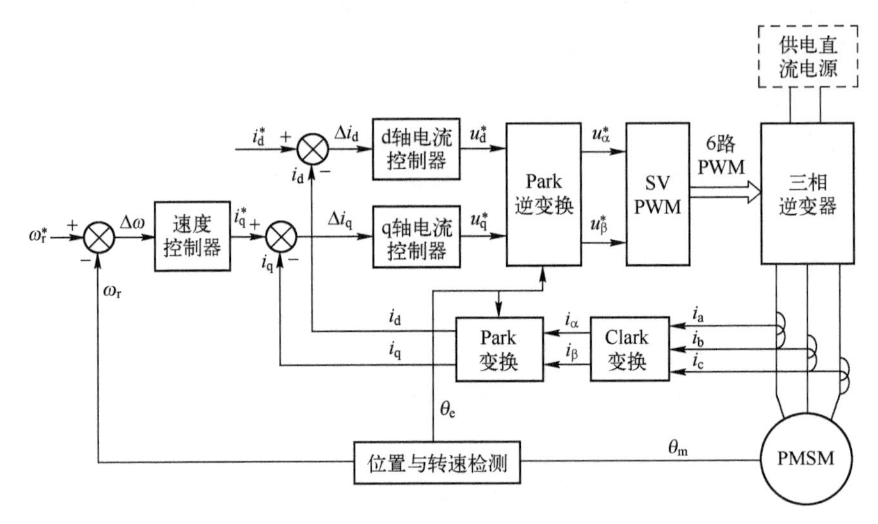

图 4-5 永磁同步电机矢量控制结构示意图

在图 4-5 中，ω_r^* 为需求转速（目标转速）；θ_m 为永磁同步电机机械角度；i_a、i_b、i_c 为永磁同步电机的定子三相电流。

矢量控制的主要原理和实现如下。

（1）位置与转速模块实时获取 θ_m，经处理后得到永磁同步电机的电角度 θ_e 和转速 ω_r。

（2）实时获取 i_a、i_b、i_c，经过 Clark 变换模块得到 i_α 和 i_β；Park 变换模块根据 i_α、i_β 和 θ_e，输出 d 轴反馈电流 i_d 和 q 轴反馈电流 i_q。

$$\begin{bmatrix} i_\alpha \\ i_\beta \end{bmatrix} = \sqrt{\frac{2}{3}} \begin{bmatrix} 1 & -\frac{1}{2} & -\frac{1}{2} \\ 0 & \frac{\sqrt{3}}{2} & -\frac{\sqrt{3}}{2} \end{bmatrix} \begin{bmatrix} i_a \\ i_b \\ i_c \end{bmatrix} \tag{4-1}$$

$$\begin{bmatrix} i_d \\ i_q \end{bmatrix} = \begin{bmatrix} \cos\theta_e & \sin\theta_e \\ -\sin\theta_e & \cos\theta_e \end{bmatrix} \begin{bmatrix} i_\alpha \\ i_\beta \end{bmatrix} \tag{4-2}$$

同时，从整车控制器获取 ω_r^*，并计算 ω_r^* 与 ω_r 的差值，即 $\Delta\omega = \omega_r^* - \omega_r$，速度控制器（优选 PI 控制算法）根据 $\Delta\omega$ 得到 d 轴电流控制器的给定信号 i_d^*（或设置 i_d^* 为“0”）和 q 轴电流控制器的给定信号 i_q^*。

（3）d 轴电流控制器根据 i_d^* 与 i_d 偏差，即 $\Delta i_d = i_d^* - i_d$，经过 d 轴电流控制器（优选 PI 控制算法）输出信号 u_d^*，q 轴电流控制器（优选 PI 控制算法）根据 i_q^* 与 i_q 偏差，即 $\Delta i_q = i_q^* - i_q$，经过 q 轴电流控制器输出信号 u_q^*。

（4）u_d^* 和 u_q^* 经过 Park 逆变换模块后输出信号 u_α^* 和 u_β^*。

（5）u_α^* 和 u_β^* 经过空间矢量脉宽调制（SVPWM）模块形成 PWM 波信号，驱动三相逆变电路，以控制永磁同步电机的转速。

4.3.2　永磁同步电机矢量控制策略

为了让 PMSM 运行性能更加优良，满足氢燃料电池汽车在不同的天气和环境（高低温、剧烈震动以及雨雪等恶劣环境以及路况）下的使用需求，需要选择合适的控制策略。

永磁同步电机矢量控制策略主要选用：$i_d = 0$ 控制、最大转矩电流比（MTPA）控制和弱磁控制等策略。

1. $i_d = 0$ 控制策略

$i_d = 0$ 控制策略通过将直轴电流分量 i_d 设置为 0，从而简化电机的控制。在这种策略下，电机的磁通由永磁体维持，转矩则由交轴电流分量 i_q 控制。这样可以减少电机的铜耗，提高永磁同步电机效率。

表贴式永磁同步电机的定子电感在 d 轴和 q 轴上的分量相等，电磁转矩方程 T_e 可表示为

$$T_e = \frac{3}{2} P_n \psi_f i_q \tag{4-3}$$

式中：P_n、ψ_f 和 i_q 分别为转子的极对数、转子励磁磁链和 q 轴上的电流。

由式（4-3）可知，电机转矩 T_e 与定子电流的交轴分量 i_q 成正比关系，单独对 i_q 进行控制就能完成对 T_e 的调控。当给定 $i_d^* = 0$ 时 T_e 只受 i_q^* 的控制，此时电磁转矩达到最大值，并且电机的运行状态是最好的。$i_d^* = 0$ 的矢量控制方法优点是转矩输出性能好，并且控制简单高效，适用于表贴式永磁同步电机（SPMSM），只适用于额定转速范围内的恒转矩调控。

2. 最大转矩电流比控制策略

MTPA 控制策略的目标是在给定的电流限制下最大化电机的转矩输出。这种控制方式特别适用于具有凸极特性的永磁同步电机，如内置式永磁同步电机。

MTPA 通过控制直轴电流分量 i_d 来维持一个恒定的磁通水平，而通过调节交轴电流分量 i_q 来控制电机的转矩。这种策略适用于需要宽调速范围和高效率的应用场合。可以通过调节定子电流矢量方向，使系统输出最大化，可以提高驱动系统的转矩输出和响应速度。

3. 弱磁控制策略

由于逆变器输出电压和电流的限制，$i_d^*=0$ 控制策略在控制电机达到额定转速后就不能再进一步增加转速了，而弱磁控制策略就是在不改变逆变器的前提下通过调控励磁磁场的大小来控制反电动势的值，从而使电机的调速范围变大以及拥有更好的动态性能。反向增大 i_d^* 可以达到削弱转子的磁场，进而实现弱磁增速的效果，同时减小 i_q^* 以配合对电流的调节，整个过程就是弱磁控制。

4.4 基于自适应扰动观测器的永磁同步电机矢量控制方法

永磁同步电机是一个多变量、非线性、强耦合的复杂对象，但是目前利用常规 PI 控制方式构建的电机控制系统无法适应外界扰动因素影响，无法满足高性能控制的要求。为此，发明了一种永磁同步电机矢量控制方法，它结合了自适应扰动观测器的动态扰动补偿能力和 MTPA 控制的高效率转矩输出特性。

自适应扰动观测器（ADO）能够实时监测和补偿系统中的扰动，如负载变化、参数变化等，根据永磁同步电机在 dq 坐标系下的电流分量生成相关联的扰动信号，并在 d 轴电流控制器和 q 轴电流控制器的运行过程中加入该扰动信号，从而提高系统的鲁棒性和控制精度。

4.4.1 基于自适应扰动观测器的永磁同步电机矢量控制系统结构

在永磁同步电机矢量控制结构（图 4-5）中增设 MTPA 控制器和自适应扰动观测器，得到基于自适应扰动观测器的永磁同步电机矢量控制系统结构，如图 4-6 所示。

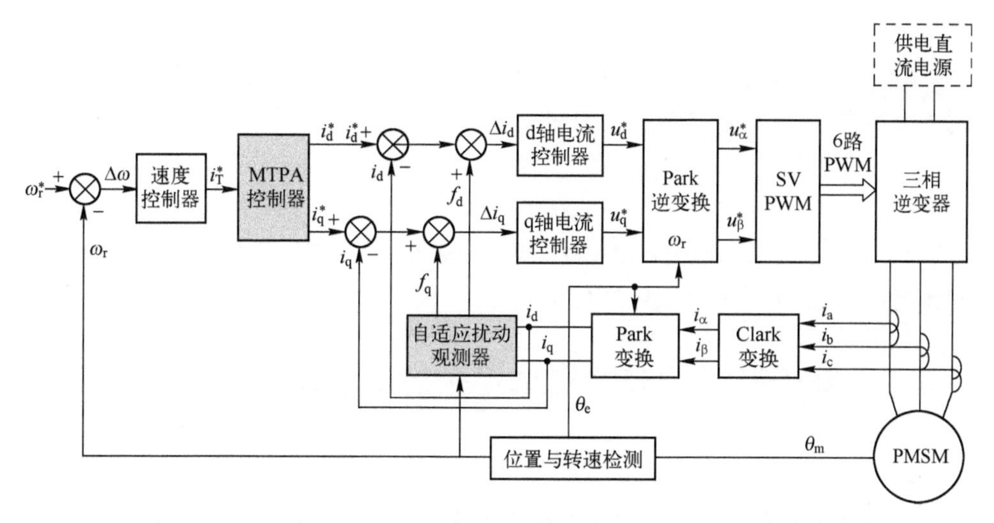

图 4-6　基于自适应扰动观测器的永磁同步电机矢量控制系统结构

在图 4-6 中，i_T^* 为速度控制器（优选 PI 控制算法）根据 $\Delta\omega$ 得到 MTPA 控制器的给定信号；i_d^* 和 i_q^* 为 MTPA 控制器的输出信号。

4.4.2　基于自适应扰动观测器的永磁同步电机矢量控制方法原理

速度控制器采用 PI 控制，与 MTPA 控制共同作用，得出用最小的电流获得最大的转矩时的电流控制器给定信号 i_d^* 和 i_q^*，其值由以下方程确定：

$$\begin{cases}4(L_d-L_q)^2 i_d^{*2}-2\psi_f^2-4(L_d-L_q)^2 i_q^{*2}+2\psi_f\sqrt{\psi_f^2+4(L_d-L_q)^2 i_d^{*2}}=0\\ i_d^{*4}(L_d-L_q)^2P_n^2-\dfrac{4}{9}T_e^2+\dfrac{2}{3}T_e i_d^*\psi_f P_n=0\end{cases} \tag{4-4}$$

自适应扰动观测器输出的扰动值为

$$\begin{cases}f_d=\Delta R_s i_d+\Delta L_s\dfrac{\mathrm{d}i_d}{\mathrm{d}t}-\dfrac{\pi v}{t_r}\Delta L_s i_q+\varepsilon_d\\ f_q=\Delta R_s i_q+\Delta L_s\dfrac{\mathrm{d}i_q}{\mathrm{d}t}+\dfrac{\pi v}{t_r}(\Delta L_s i_d+\Delta\psi_f)+\varepsilon_q\end{cases} \tag{4-5}$$

式中：f_d 和 f_q 分别为永磁同步电机在 dq 坐标系下的扰动结果；ΔR_s 为电机定子电阻变化量；ΔL_s 为电机定子侧电感变化量；t_r 为电机转子转过一圈耗费时间；v 为电机转子线速度；ε_d 为未建模动态在 dq 坐标系下 d 轴引起的不确定量；$\Delta\psi_f$ 为转子励磁磁链变化量；ε_q 为未建模动态在 dq 坐标系下的 q 轴引起的不确定量。

根据 i_d、i_d^* 和 f_d，得到 d 轴电流控制器的输入信号，即

$$\Delta i_d = i_d^* - i_d + f_d \quad (4-6)$$

d 轴电流控制器采用控制策略（如 PI 控制）Δi_d 进行运算处理，得到永磁同步电机在 dq 坐标系下的电压分量 u_d^*。

同理，根据 i_q、i_q^* 和 f_q，得到 q 轴电流控制器的输入信号，即

$$\Delta i_q = i_q^* - i_q + f_q \quad (4-7)$$

q 轴电流控制器采用控制策略（如 PI 控制）Δi_q 进行运算处理，得到永磁同步电机在 dq 坐标系下的电压分量 u_q^*。

4.5 基于弱磁控制的汽车用永磁同步电机的调速方法

为了实现永磁同步电机弱磁控制和深度弱磁控制以及不同转速范围内的平滑过渡等问题，发明了一种基于弱磁控制的汽车用永磁同步电机的调速方法，在不改变电机结构和逆变器容量的前提下，提升电机调速范围的方法，满足汽车在不同工况下对电机速度的要求，使永磁同步电机在额定转速内稳定高效运行，实现在不同转速范围的平滑过渡。

4.5.1 基于弱磁控制的永磁同步电机调速控制系统结构

在永磁同步电机矢量控制结构（图 4-5）中增设 MTPA 控制器、弱磁控制器和深度弱磁控制器，得到基于弱磁控制的永磁同步电机的调速控制系统结构，如图 4-7 所示。

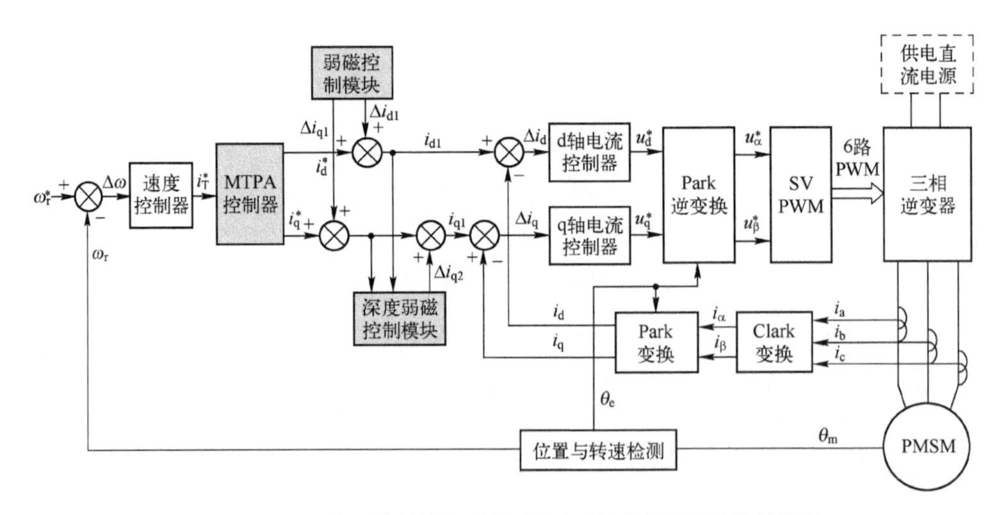

图 4-7　基于弱磁控制的永磁同步电机的调速控制系统结构图

4.5.2　基于弱磁控制的永磁同步电机调速方法原理

速度控制器中的 MTPA 控制与 PI 控制结合，得出用最小的电流获得最大的转矩时的电流控制器给定信号；采用基于超前角弱磁控制策略和基于最大转矩电压（MTPV）的深度弱磁控制策略，修正 q 轴电流控制器的给定信号。

设 $\omega_r^{\max1}$ 和 $\omega_r^{\max2}$ 分别为永磁同步电机的额定转速和最高转速。速度控制器根据需求转速 ω_r^*，由以下任意一种情况确定 d 轴电流控制器的电流给定信号 i_{d1} 和 q 轴电流控制模块的电流给定信号 i_{q1}。

（1）当 $0 \leqslant \omega_r^* \leqslant \omega_r^{\max1}$ 时，d 轴和 q 轴电流给定信号为

$$\begin{cases} i_{d1} = i_d^* \\ i_{q1} = i_q^* \end{cases} \tag{4-8}$$

（2）当 $\omega_r^{\max1} < \omega_r^* \leqslant \omega_r^{\max2}$ 时，弱磁控制模块采用超前角弱磁控制策略，得到 d 轴第一电流补偿值 Δi_{d1} 和 q 轴第一电流补偿值 Δi_{q1}，此时 d 轴和 q 轴电流给定信号为

$$\begin{cases} i_{d1} = i_d^* + \Delta i_{d1} \\ i_{q1} = i_q^* + \Delta i_{q1} \end{cases} \tag{4-9}$$

计算逆变电路的最大电压 $U_{\max}$ 与电流控制器输出信号 u_d^* 和 u_q^* 的平方和的差值，即

$$\Delta U = U_{\max} - \sqrt{u_d^{*2} + u_q^{*2}} \tag{4-10}$$

当 $\Delta U<0$ 时，采用 PI 算法实时计算超前角 β，其值为负值，此时永磁同步电机进入弱磁区。

计算永磁同步电机的定子电流：

$$i_s = \sqrt{i_d^{*2} + i_q^{*2}} \tag{4-11}$$

依据定子电流 i_s 和超前角 β，计算 d 轴和 q 轴第一电流补偿值为

$$\begin{cases} \Delta i_{d1} = i_s \sin\beta \\ \Delta i_{q1} = i_s \cos\beta \end{cases} \tag{4-12}$$

（3）当 $\omega_r^* > \omega_r^{\max2}$ 时，对 d 轴电流进行限幅，选取电压极限椭圆的中心点作为永磁同步电机 d 轴电流的下限，即下限值为

$$i_{d\min} = -\frac{\psi_f}{L_d} \tag{4-13}$$

i_d^* 经过弱磁控制模块补偿后，当 $i_d^* + \Delta i_{d1} = i_{d\min}$ 时，此时永磁同步电机进入深度弱磁区，此时 d 轴和 q 轴电流给定信号为

$$\begin{cases} i_{d1}=i_{dmin} \\ i_{q1}=i_q^*+\Delta i_{q1}+\Delta i_{q2} \end{cases} \tag{4-14}$$

式中：Δi_{q2}为 q 轴第二电流补偿值。

采用基于最大转矩电压比 MTPV 的深度弱磁控制策略得到，即

$$\Delta i_{q2}=\frac{L_d\sqrt{\psi_f^2+4(L_d-L_q)^2(i_q^*+\Delta i_{q1})^2}}{2L_q(L_d-L_q)(i_q^*+\Delta i_{q1})}(i_d^*+\Delta i_{d1}-i_{dmin}) \tag{4-15}$$

4.6 氢燃料电池汽车的速度控制方法

为了克服供电直流电源输出功率频繁变化的缺点，解决氢燃料电池汽车速度控制系统能耗高的问题，提高整个氢燃料电池汽车速度控制系统的响应速度，降低系统的能耗，发明了一种氢燃料电池汽车的速度控制方法。

将汽车的目标速度划分为 4 个目标速度挡位，根据目标速度挡位确定氢燃料电池系统的输出功率，共有 4 个功率阈值，每个目标速度挡位对应一个功率阈值，避免直流供电电源输出功率的频繁变化，使 PWM 波的占空比达到最佳，使汽车的能源利用率达到最优化，减少了系统的能耗；提出自动快速调节策略，速度补偿器采用比例调节，直接根据速度偏差信号和目标加速度，实现对车速的自动快速调节，提高速度响应。

4.6.1 氢燃料电池汽车的速度控制系统结构

在永磁同步电机矢量控制结构（图 4-5）中增设信号转换模块和速度补偿模块，得到氢燃料电池汽车的速度控制系统结构，如图 4-8 所示。

4.6.2 氢燃料电池汽车速度控制方法原理

设 4 个速度阈值，分别为 ω_{r_1}、ω_{r_2}、ω_{r_3}和 ω_{r_4}，且 $\omega_{r_1}<\omega_{r_2}<\omega_{r_3}<\omega_{r_4}$，$\omega_{r_4}$为最高转速；设 4 个功率阈值，分别为 P_1、P_2、P_3 和 P_4，且 $P_1<P_2<P_3<P_4$，P_4 不超过最额定功率。

（1）信号转换模块根据采集得到的油门踏板大小信号（A0）和制动踏板位移信号（D0），确定氢燃料电池汽车的目标速度 ω_r^* 和目标加速度 α^*；再根据 ω_r^*，确定氢燃料电池系统的输出功率 P^*，具体为：当 $\omega_r^*\leqslant\omega_{r_1}$时，$P^*=P_1$；当 $\omega_{r_1}<\omega_r^*\leqslant\omega_{r_2}$时，$P^*=P_2$；当 $\omega_{r_2}<\omega_r^*\leqslant\omega_{r_3}$时，$P^*=P_3$；当 $\omega_{r_3}<\omega_r^*\leqslant\omega_{r_4}$时，$P^*=P_4$。

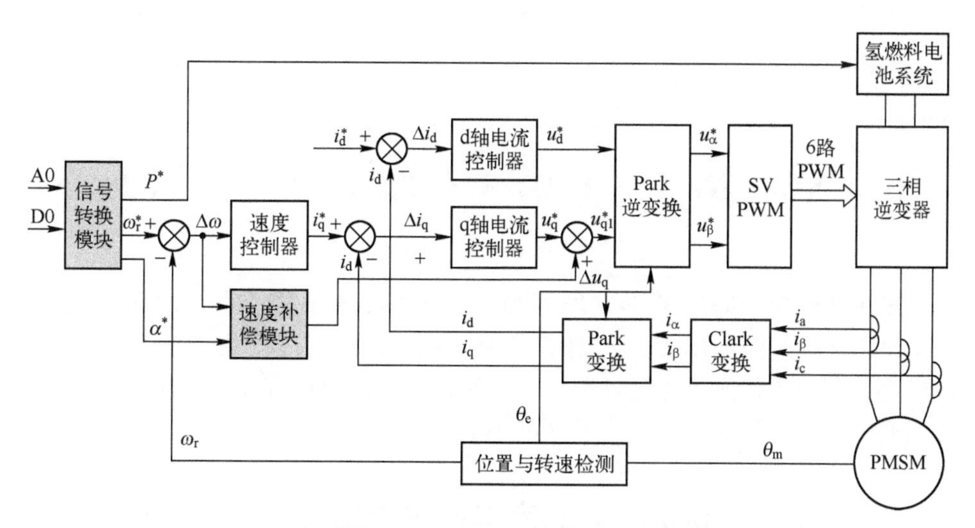

图 4-8　氢燃料电池汽车的速度控制系统结构

（2）设置其正阈值和负阈值分别为 u_{qz} 和 u_{qf}，速度补偿模根据速度偏差 $\Delta\omega=\omega_r^*-\omega_r$，采用自动快速调节策略确定速度补偿信号 Δu_q，具体如下。

当 $\Delta\omega>0$ 且 α^* 达到最大值时，$\Delta u_q=u_{qz}$。

当 $\Delta\omega>0$ 且 α^* 未达到最大值时，Δu_q 为正，其值与速度偏差信号 $\Delta\omega$ 成正比，即

$$\Delta u_q=k_{P_1}\cdot\Delta\omega \tag{4-16}$$

式中：k_{P_1}为比例系数，可调。

当 $\Delta\omega<0$ 且 α^* 达到最小负值时，$\Delta u_q=u_{df}$。

当 $\Delta\omega<0$ 且 α^* 未达到最小负值时，Δu_q 为负，其值与速度偏差信号 $\Delta\omega$ 成正比，即

$$\Delta u_q=k_{P_2}\cdot\Delta\omega \tag{4-17}$$

式中：k_{P_2}为比例系数，可调。

当 $\Delta\omega=0$ 时，$\Delta u_q=0$。

（3）u_q^* 经补偿后得到输入到 Park 逆变换模块的信号为

$$u_{q1}^*=u_q^*+\Delta u_q \tag{4-18}$$

第5章　基于AutoSAR的控制器开发技术

采用快速控制原型V形开发流程，从AutoSAR架构的设计理念出发，在AutoSAR分层架构基础上，发明了基于AutoSAR的程序配置方法，实现软硬件解耦，解决了代码可重用性差、不同制造商之间应用程序不通用、不同车系之间通用性代价高、不同供应商产品不通用等问题。

5.1　基于AutoSAR的汽车电子控制器软件开发工具

基于AutoSAR的汽车电子控制器软件开发采用汽车行业及相关领域的重要开发工具，如表5-1所示。

表5-1　基于AutoSAR的汽车电子控制器软件开发工具及功能

分类	工具名称	功能
基于AutoSAR软件的开发工具（Vector工具链、MATLAB除外）	PREEvision	支持汽车行业标准的综合性电子电气系统设计和评估工具，用于需求规范、功能部件设计、网络规范及测试规范的创建和优化
	Davinci Developer	负责应用层软件组件（SWC）的逻辑设计，生成Simulink架构模型
	DaVinci Configurator Pro	提供一个直观的用户界面，用于编辑符合AutoSAR标准的基础软件模块配置。它支持导入ECU特定的系统描述文件，并自动配置基础软件，生成RTE代码和BSW代码
	MICROSAR Prototype SIP	BSW层协同控制器抽象和服务、RTE原型代码
	EB Tresos	提供了一个可扩展的Classic AutoSAR基础软件、操作系统和配置集成工具来开发ECU。它支持汽车行业标准，与主流半导体公司深度合作，确保软件的高质量和可靠性
	MCAL静态代码包	英飞凌2G 3XX的底层静态代码
	FBL代码包	Flash Bootloader Package包
	VectorCAST/C++企业版（适用Windows）	负责代码编译和静态代码测试
	MATLAB/Simulink & Stateflow	SWC算法代码实现

续表

分类	工具名称	功　能
调试与标定	CANoe	实现对 ECU 的总线诊断，支持数据的读取和写入，以及提供报文录制与回放功能
	CANape	在线测量、离线分析、诊断、打印机功能、数据管理、闪存编程、校准等功能。支持 XCP 协议，可以进行精确的测量和标定工作
	CANdbc++	汽车 CAN 总线数据库 DBC（Database for CAN）文件的编辑软件
	CANdelaStudio Admin	编辑和管理诊断数据库文件
仿真测试	vVIRTUALtarget	为所有基于 AutoSAR 4. x 项目生成虚拟 ECU 的软件。它允许在没有目标硬件的情况下设置并运行整个 ECU 软件的测试，从应用软件、AutoSAR 基础软件到硬件驱动程序。提供全面的自动化功能，支持持续集成和快速并行测试
	MATLAB/Simulink	算法仿真
集成开发环境	Tasking、Hightech	集成开发环境，支持多个处理器系列，提供了代码编辑、编译、调试等功能
	PLS UDE	用于仿真和测试代码，确保在不同平台上开发的代码能够集成和调试
	KIT-DP-MINIWIGGLER_USB	程序下载

MATLAB 2020a 是 MathWorks 公司的产品，该公司为 AutoSAR 联盟的高级合作伙伴。利用 MATLAB 2020a 完成控制器的应用层 SWC 算法代码实现。Davinci Developer 是 Vector 公司的产品，用于设计 AutoSAR ECUs 的软件组件（SWC）的图形配置工具，进行 SWC 架构设计，供用户进行图形化的接口开发，定义运行实体和 SWC 之间的功能。同时，Developer 可以与 MATLAB 进行协同开发，两者之间交互通过 ARXML 文件实现。

5.2　基于 AutoSAR 的快速控制原型开发方法

采用快速控制原型 V 形开发流程，采用自上而下的开发流程，使用 Vector 工具链开发工具，提出基于 AutoSAR 的快速控制原型开发方法，提升开发效率，降低开发成本，提升控制系统的可靠性，解决传统开发模式中的软件移植、复用和集成难的问题。

基于 Vector 工具链的 V 形开发流程如图 5-1 所示。

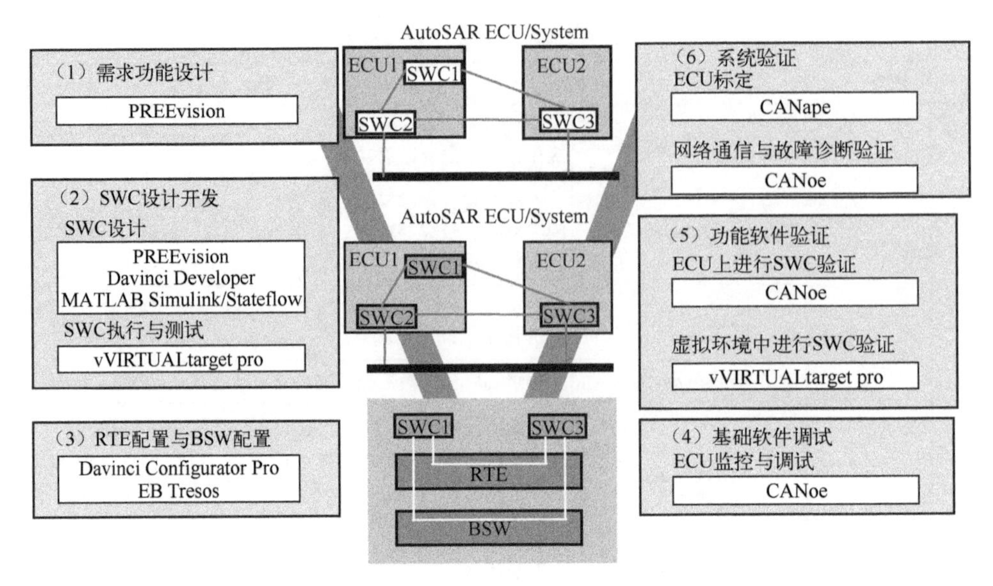

图 5-1　基于 Vector 工具链的 V 形开发流程

(1) 需求功能设计：使用 PREEvision 软件开发平台，设计系统需求，定义约束条件，这个阶段是对整个系统功能框图的设计。

(2) SWC 设计开发：使用 Davinci Developer 相关软件开发平台，负责应用层 SWC 的逻辑设计，生成 Simulink 架构模型，软件工程师通过采用快速开发技术，进行软件代码编写与测验，避免人为编写代码；使用 MATLAB/Simulink 工具完成应用层软件组件算法的代码生成；vVIRTUALtarget 仿真协同控制器功能，完成对 SWC 的测试。

(3) RTE 配置与 BSW 配置：使用 EB Tresos 相关软件开发平台，配置微控制器 MCAL，完成对主芯片 TC375 的封装，提供标准接口供 APPL 调用；Davinci Configurator Pro 负责 BSW 层的参数配置并自动生成 RTE 层。

(4) 基础软件调试：使用 CANoe 相关软件开发平台，完成 BSW 基础软件的在线调试。

(5) 功能软件验证：使用 CANoe 相关软件开发平台，在控制器与虚拟环境中完成对 SWC 测验。

(6) 系统验证：使用 CANape 相关软件开发平台，完成控制器标定，即对控制器参数进行监控并调整以得到最优的控制结果。此外，用 CANdbc++设计 ECU 之间的 CAN 通信；Tasking、PLS 工程将不同平台开发的代码进行集成与调试，并通过 KIT-DP-MINIWIGGLER_USB 工具下载程序。控制器硬软件完成后还需进行极限条件与故障测试。控制器软件开发流程如图 5-2 所示。

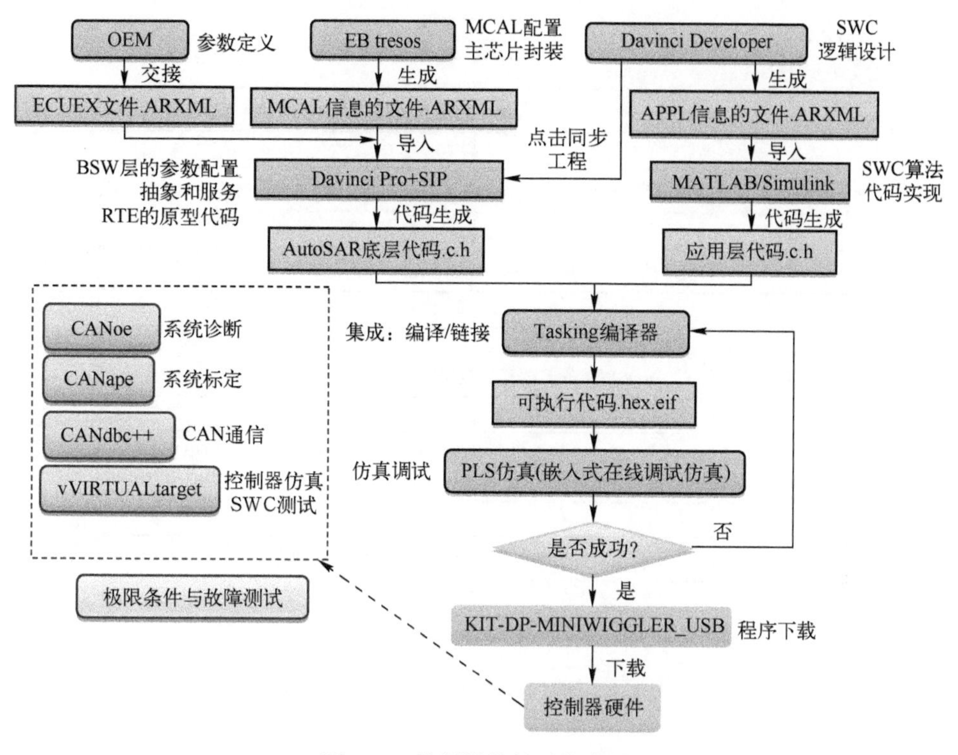

图 5-2　控制器软件开发流程

5.3　基于 AutoSAR 的程序配置方法

传统的 MCAL 驱动通常将所有代码放在一个文件中实现，代码可重用性极弱，不同制造商之间应用程序不通用、不同车系之间通用性代价高、不同供应商之间产品不通用。因此，发明了一种基于 AutoSAR 的程序配置方法，降低软硬件的耦合，提高开发效率。基于 AutoSAR 的程序配置流程如图 5-3 所示。

5.3.1　应用层软件组件构建与功能模型 ECU 配置

在基于 AutoSAR 的应用软件开发过程中，APPL 层的软件组件是整个应用软件（SWC）的基础，其他软件开发工作如配置、映射等，都是围绕软件组件展开的。软件组件是封装了部分或者全部汽车电子功能的模块，包括其具体的功能实现以及与其对应的描述。各个软件组件通过虚拟功能总线进行交互，从而形成一个 AutoSAR 应用软件。

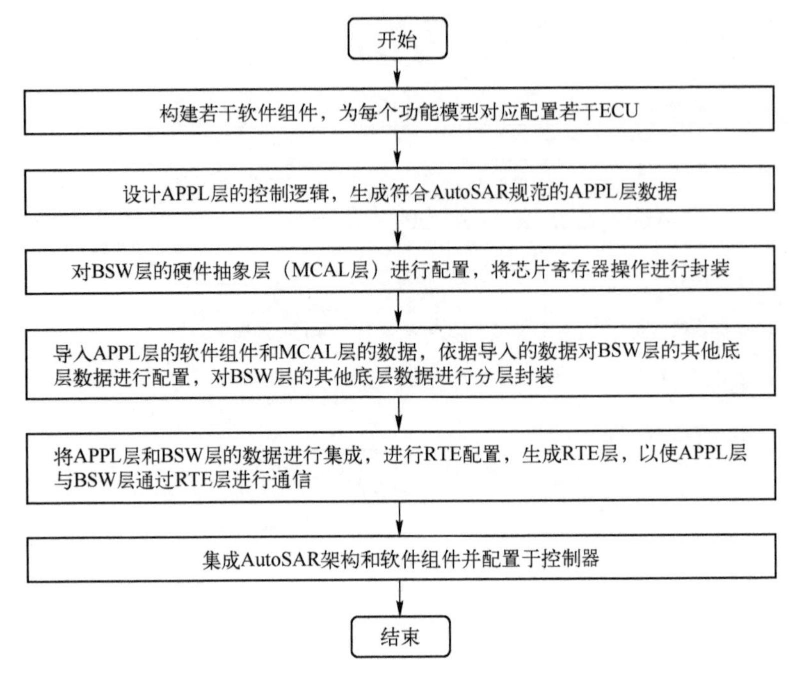

图 5-3　基于 AutoSAR 的程序配置流程

ECU 配置主要是为该 ECU 添加必要的信息和数据，如任务调度、必要的基础软件模块及其配置、运行实体及任务分配等，并将结果保存在 ECU 配置描述文件中，该文件包含属于特定 ECU 的所有信息，换言之，ECU 上运行的软件可根据这些信息构造出来。

根据系统配置描述文件提取单个 ECU 资源相关的信息，提取出来的信息生成 ECU 提取文件。根据提取文件对 ECU 进行配置，例如操作系统任务调度、必要的 BSW 模块及其配置、运行实体到任务的分配等，从而生成 ECU 配置描述文件。该描述文件包含特定 ECU 的所有信息。

提出应用层软件组件构建与功能模型 ECU 配置方法，构建若干软件组件，为每个功能模型对应配置若干 ECU，具体如下：

（1）使用 PREEvision 软件进行 AutoSAR 架构设计，PREEvision 软件通过中央数据库实现不同团队协同开发，提升开发效率；

（2）根据 AutoSAR 架构与功能需求建立功能模型，将软件组件分配至不同的 ECU 中；

（3）依据设计的软件组件可生成 .arxml 文件，将该文件导入 Vector 工具链进行后续开发。

5.3.2　符合 AutoSAR 规范的 APPL 层数据生成

完成 APPL 层的控制逻辑设计，生成符合 AutoSAR 规范的 APPL 层数据。使用 Davinci Developer 与 MATLAB Simulink 完成分层架构中 APPL 层的控制逻辑设计，以此生成的代码符合 AutoSAR 规范，有助于实现控制器的软硬件解耦；Davinci Developer 软件集成度较高，导入相应文件后，需设计者手动添加的引用较少，可提高软件开发效率；vVIRTUALtarget 用于没有控制器时，模拟硬件功能，进行软件功能设计，具体如下：

（1）使用 MATLAB Simulink 工具设计软件组件内部行为模型，对模型进行软件在环验证；

（2）依据设计需求将模型配置成 AutoSAR SWC，在 Simulink 环境中映射输入、输出端口等到 AutoSAR，配置模型的 AutoSAR 属性；

（3）在 Simulink 环境中，通过 Embedded Coder 生成 ARXML 文件，同时生成 .c 和 .h 文件。

5.3.3　BSW 层的 MCAL 数据配置与封装

对 BSW 层的 MCAL 层进行配置，将芯片寄存器操作进行封装。

使用 EBTresos 对 AUOTSAR 分层架构中的 MCAL 层进行配置，将芯片的寄存器操作封装成为符合 AutoSAR 规范的 API 函数。其中，MCAL 层（微控制器抽象层）位于 AutoSAR 分层模型中 BSW 层的最底层，包含内部驱动，可以直接访问微控制器和片内外设。MCAL 层包含微控制器驱动、存储器驱动、通信驱动和 I/O 驱动 4 个部分，各部分又由具体的与微控制器相对应的驱动模块组成。

5.3.4　BSW 层的其他底层数据配置与分层封装

导入软件组件和 MCAL 层的数据，依据导入的数据对 BSW 层的其他底层数据进行配置，对 BSW 层的其他底层数据进行分层封装，通过 BSW 层的 ECU 抽象层对硬件设备进行封装；通过 BSW 层的服务层将硬件的功能抽象成具体应用服务；通过 BSW 层的复杂驱动层对复杂硬件进行驱动，具体如下：

（1）使用 Davinci Configurator Pro 软件对 AutoSAR 架构中的 RTE 层以及 BSW 层中的 ECU 抽象层、服务层与复杂驱动层进行配置；

（2）ECU 抽象层完成对芯片与外围设备的封装，服务层将与硬件相关的功能抽象成具体应用服务，复杂驱动层完成复杂硬件的驱动；

（3）Davinci Configurator Pro 软件对 ECU 抽象层、服务层与复杂驱动层三者的配置，实现对底层硬件的层层封装，减少上层软件对硬件的依赖，Davinci Configurator Pro 软件自动生成 RTE 层，负责 APLL 层 SWC 间的通信以及 APPL 与 BSW 间的通信，隔绝 APPL 层与 BSW 层，摆脱软件对硬件的依赖。

5.3.5 RTE 层生成

将 APPL 层和 BSW 层的数据进行集成，完成 RTE 配置，生成 RTE 层，以使 APPL 层与 BSW 层通过 RTE 层进行通信，确保软件组件之间的通信和任务调度按照预期进行。

5.3.6 AutoSAR 架构与软件组件集成

集成 AutoSAR 架构与软件组件并配置到控制器，具体如下：

（1）将 BSW 层的底层数据进行在线测试，将软件组件的数据在控制器和虚拟环境中进行测试；

（2）BSW 层和软件组件测试通过后对协同控制器（VCU）进行标定；

（3）集成 AutoSAR 架构和软件组件的数据并进行调试，验证控制器软件功能是否正常实现；

（4）验证成功后，将下载代码至控制器。

5.3.7 基于 AutoSAR 的程序配置方法应用实例

以汽车内部内顶灯亮灭为实例，设计控制器。

功能需求：内顶灯开/关状态基于车门的开/关状态，同时用户可自行设置内顶灯的亮度。

功能实现：底层 MCAL 驱动需要使用 MCU、DIO、PORT、CAN 和 PWM 模块。

（1）使用 PREEvision 软件基于内顶灯功能需求与规范定义 SWC 并设计通信矩阵，所需 SWC 包含传感器 SWC（左/右车门）、车门开关逻辑 SWC、传感器 SWC（内顶灯）、调光控制器 SWC、执行器 SWC（内顶灯）；生成 .arxml 文件。

（2）基于 PREEvision 软件生成的 .arxml 文件，在 EBTresos 软件中完成 MCAL 的底层驱动配置，主要包含 MCU、DIO、PORT、CAN 和 PWM 模块；MCU 模块负责芯片的初始化与时钟树配置，PORT 模块负责端口引脚方向/复用功能配置，DIO 模块负责管理端口引脚，CAN 模块负责信息传输，PWM 模块负责输出 PWM 波形调节内顶灯亮度。

（3）使用 Davinci Configurator Pro 软件新建一个工程，并导入步骤（1）与步骤（2）中生成的 . arxml 与 MCAL 文件。

（4）在 Davinci Configurator Pro 软件中配置 DET（错误检测模块），EcuC（Ecu 配置）与 OS（操作系统），由于本实例所使用的芯片 SAK-TC375TP-96F300W AA 是三核芯片，故 EcuC 与 OS 中均配置为三核；在 OS 配置中，在核 0 中设计 Task，包含空闲 Task、初始化 Task、存放用户设计的 Runnable 的 Task、存放 BSW 中主要功能的 Task，并依次为 Task 设置中断优先级及是否可抢占。

（5）在 Davinci Configurator Pro 补充默认配置，包含 ECU 的默认模式、OS 的安全等级（SC1）、系统时钟，Task Mapping 将步骤（4）中配置的 Task 与实际代码相匹配；配置 RTE 层的参数。

（6）步骤（5）完成后，在 Davinci Configurator Pro 中继续配置模式管理，主要包含通信控制管理、ECU 状态管理、模块初始化管理与上电初始化流程管理；模式管理配置完毕后，保存，关闭 DaVinci Configurator Pro 软件。

（7）使用 Davinci Developer 软件打开 Davinci Configurator Pro 软件创建并配置的 . dpa 后缀的工程；在 Davinci Developer 软件中设计 SWC 层的逻辑关系，所需配置的 SWC 层在步骤（1）中已确认；保存并生成 . arxml 文件与动态代码。

（8）在 MATLAB 软件中导入步骤（7）生成的 . arxml 文件，在 Simulink 环境中设计控制策略并自动生成代码。

（9）在 Tasking 软件中进行代码集成，将 MCAL 的静态代码、动态代码和 APPL 应用层代码集成到 Tasking 中，编译生成 . elf 文件，进行调试。

（10）调试成功，控制汽车内顶灯的控制器软件设计完成。

5.4　基于 AutoSAR 的应用层代码生成方法

AutoSAR 的应用层由应用软件组件（SWC）、AutoSAR 端口和可运行实体三部分组成（见 1.6.1 节）。利用 MATLAB 2020a 和 Davinci Developer 完成应用层开发，包括 SWC、IO 接口和可运行实体开发。

SWC 之间通过虚拟软件层进行通信，AutoSAR 端口包括 C-S 端口和 S-R 端口。C-S 端口中 C 端口为客户端口，用于发起请求，S 端口为服务端口用于响应请求，服务端口提供函数给客户使用。S-R 端口中 S 端口发送数据，R 端口接收数据，可运行实体就是 SWC 中的函数。它们与仿真模块之间有一一对应的关系，如表 5-2 所示。

表 5-2 AutoSAR 与仿真模块的对应关系

AutoSAR 中的概念	仿真模块中的概念
AutoSAR 组件	子系统
可运行实体	函数调用子系统
R 端口	接收端口
S 端口	发送端口
C 端口	函数模块
S 端口	函数调用模块

5.4.1 基于 MATLAB 的应用层 SWC 算法代码生成方法

AutoSAR 软件组件是可重复构建的基础模块，它可以封装一个或多个算法，并通过定义端口连接到 AutoSAR 环境，用于与 AutoSAR 的基础软件层中的其他软件组件进行通信。

基于 AutoSAR 生成模型的 ARXML 文件流程如图 5-4 所示。

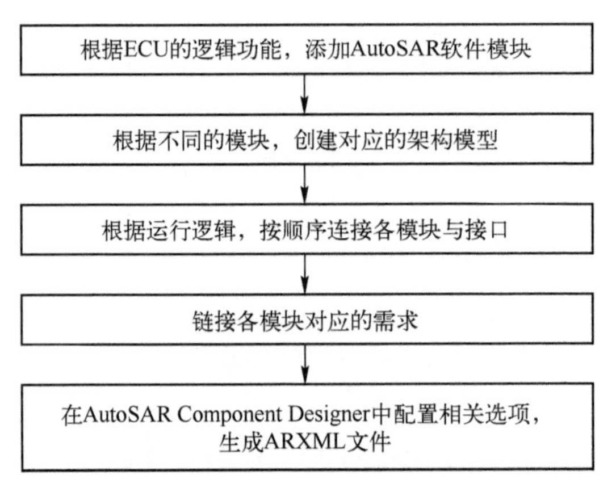

图 5-4 基于 AutoSAR 生成模型的 ARXML 文件流程

生成基于 AutoSAR 的代码，需要通过接口设计、创建架构模型、链接需求和生成代码 4 个步骤完成。

1. 接口设计

根据各模型的输入输出，设计 AutoSAR 的输入输出接口。

2. 创建架构模型

确定每个模型的输入输出后，需要确定其 AutoSAR 软件组件所对应的模型。创建架构模型既可以直接用 Library 库中的模块创建，也可以直接链接已创建好的模型。在 AutoSAR Architecture 中搭建模型的步骤如下：

(1) 根据模型的输入输出接口创建 AutoSAR 模块的接口，并根据端口传输的信号命名；

(2) 根据模型创建 AutoSAR Component 模块，并确定每个模块的输入输出接口；

(3) 根据输入输出信号连接每个模块；

(4) 将模型链接到每个 AutoSAR Component 中，并将模型中的信号改为总线信号。

3. 链接需求

将每个模块的模型链接到对应的 AutoSAR 软件组件后，根据需求建立 slreqx 文件，然后利用需求管理模块添加该文件，将需求链接到相应的模块上，以满足模型需求。

4. 生成代码

模型搭建完成后，即可生成 AutoSAR 代码。在 AutoSAR Component Designer 中可以快速配置 AutoSAR 模块，并设置组件类型，接口映射及代码生成。

但需注意以下两点：

(1) 如果模型中有连续模块，需将其改为离散模块后才能生成代码，求解器（solver）中需将步长模式选为定步长，即 Fixed step；

(2) 需要在 AutoSAR 字典（AutoSAR dictionary）中配置端口属性，字典中有多种端口类型。根据每个端口的属性，在对应的类型中添加端口，AutoSAR 字典视图如图 5-5 所示。

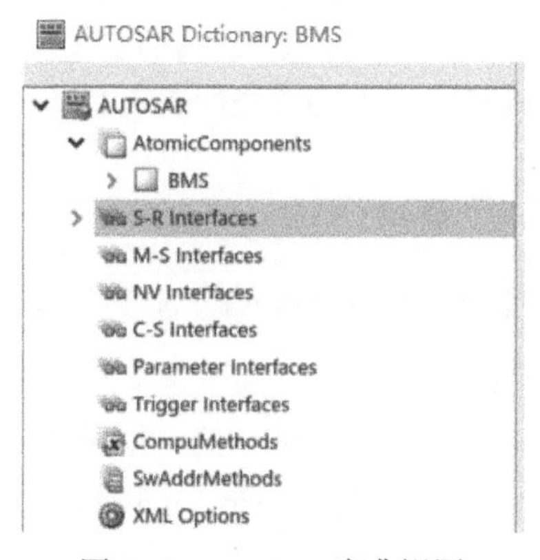

图 5-5 AutoSAR 字典视图

在 AutoSAR Component Designer 中单击 Quick Start 按钮进行代码生成，具体步骤如图 5-6 所示。

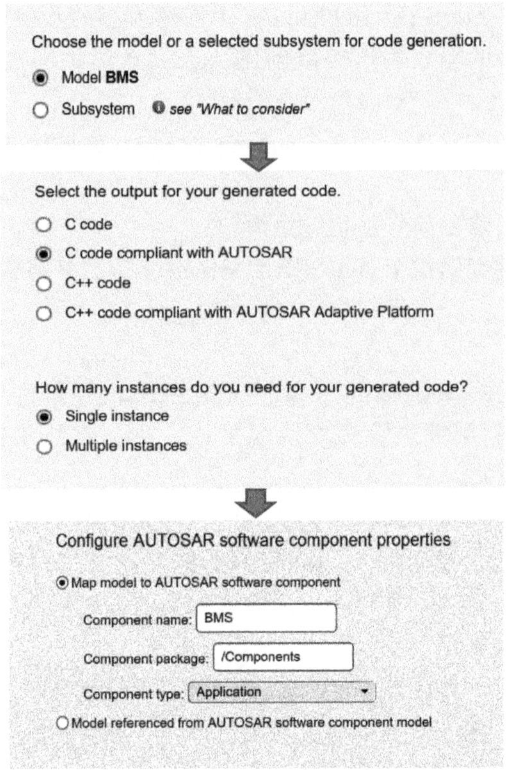

Choose the model or a selected subsystem for code generation.

Model **BMS**

Subsystem *see "What to consider"*

Select the output for your generated code.

C code

C code compliant with AUTOSAR

C++ code

C++ code compliant with AUTOSAR Adaptive Platform

How many instances do you need for your generated code?

Single instance

Multiple instances

Configure AUTOSAR software component properties

Map model to AUTOSAR software component

Component name: BMS

Component package: /Components

Component type: Application

Model referenced from AUTOSAR software component model

图 5-6　AutoSAR Component Designer 生成代码步骤图

在图 5-6 中，第一步为选择模型，第二步为选择生成代码的类型，第三步为配置 AutoSAR 选项。完成配置选项后就可以生成基于 AutoSAR 的代码（包括 ARXML 文件），可将其导入协议栈配置工具中，用以配置运行环境层以及基础软件层。

代码生成结果如图 5-7 所示。

5.4.2　基于 Davinci Developer 的 SWC 代码实现方法

1. 软件组件类型确定

软件组件（SW-component）储存代码是最小的逻辑单元。Component 的内部是运行实体，是最小的功能单元。根据协同控制器功能，建立相应的组件类型。

2. 通信接口设计

为确定的软件组件类型中每个组件类型添加对应的端口原型（prototype），实现软件组件之间的数据交互，并为端口创建相应的接口（interface）。

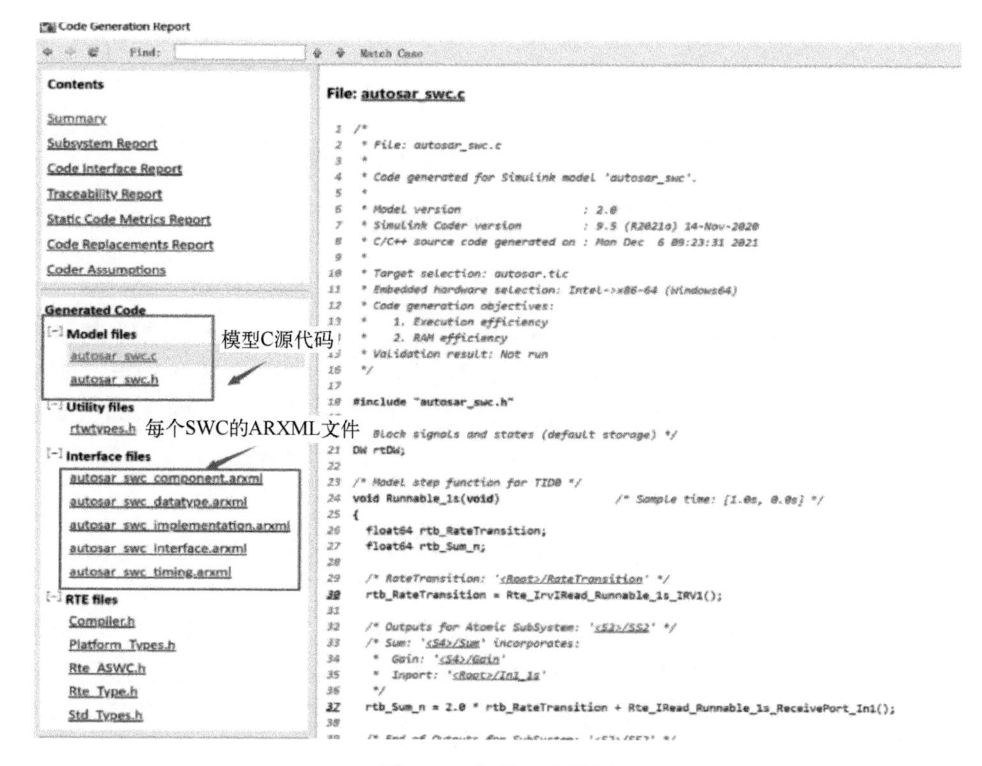

图 5-7　代码生成结果

3. 通信端口设计

对每个 SWC 添加对应的通信端口，这些端口以上一步中的接口模板为基础创建。

4. 运行实体设计

软件组件的内部行为（internal behavior）的设计主要是运行体和函数间变量的配置。因此，需对运行实体进行设置，其触发条件是 RTE Event，可以设置成初始化事件、周期事件、接收数据事件、数据发送完事件以及操作调用事件等。同时，Data 相关的事件是在加入 S/R 端口后才生效的，不同的运行实体端口不同。为此，还需要为每个实体分配合适的端口访问。

5. 函数间变量设计

为解决运行实体之间存在的数据交互问题，AutoSAR 提供了一个函数间变量（inter runnable variable），在软件组件内可添加一个或者多个函数间变量。这些变量可以类比为端口包含的数据元素。为了保证数据的一致性和安全性，这些中间变量也是由 RTE 管理，并且每个中间变量都会设置一个读写权限。

第6章　基于AutoSAR的控制器开发技术实例验证

根据协同控制器（VCU）的功能与主要技术指标，完成其硬件电路及PCB的设计，并研制出硬件样机；在协同控制器的软件架构的基础上，完成协同控制器的MCAL功能模块配置，最后通过底层驱动程序实例——CAN开发与测试，验证了基于AutoSAR的控制器开发技术的实用性。

6.1　协同控制器的设计要求

协同控制器需能精确地采集和分析驾驶员操作指令以及整车CAN网络信息，并通过CAN总线准确发送控制命令。此外，它需要具备充足的存储空间、良好的可扩展性以及强大的抗电磁干扰能力，确保在各种恶劣行驶条件下都能稳定可靠地运行。

6.1.1　协同控制器的功能

（1）汽车行驶控制的功能：采集驾驶员操作指令，通过CAN总线向各子控制器发送命令，驱动车辆按驾驶员驾驶意愿运行，实现优良的驾驶性能；具有自动巡航控制功能、限速功能。

（2）整车的网络化管理：作为整车CAN网络管理的信息控制中枢，组织与传输各系统间通信信息，监控整车CAN网络状态，管理网络节点并对通信网络故障进行实时诊断与处理。

（3）制动能量回馈控制：根据加速踏板和制动踏板的开度以及动力电池的SOC值，进行能量回收，但制动回馈功能绝不能干涉行车安全，驾驶员的制动踏板操作感受不能受到是否有电机回馈制动的影响；具有制动踏板优先功能。

（4）整车能量优化管理：协调电机以及其他附件的供电，进行整车的能量管理，以提高能量的利用率，增加续航里程。

（5）车辆状态的监测和显示：对车辆的状态进行实时检测，并且将各个子系统的状态信息和故障诊断信息通过CAN总线发送给车载信息显示系统。

（6）故障诊断与处理：将整车故障进行编码，并及时存储故障发生时的车况和故障码，以方便维修人员排除故障。

（7）高压安全管理：包括高压部件的防护、高压系统的在线绝缘监测、过载短路保护、高压互锁、高压电容预充电和放电、高压电的电磁兼容性、碰撞安全等，确保所有高压电安全要求符合国家标准，保障车辆和乘客的安全。

（8）外接行车数据监测读取功能。

（9）程序在线刷新与数据在线标定修改功能。

6.1.2　协同控制器的主要技术参数

协同控制器硬件的主要技术参数如表 6-1 所示。

表 6-1　协同控制器硬件的主要技术参数

名　　称	主要技术参数
电源	电压：9~32V；浪涌和防反接保护；电流由负载决定
休眠与唤醒	CAN 总线控制休眠；2 路 9~32V 高电平唤醒
低有效数字量输入	8 路；下拉小于 100Ω 有效
高有效数字量输入	16 路；9~32V 有效
轴端转速传感器	12V 供电；电压型和电流型各 1 路
模拟量输入	6 路；0~5V；12 位分辨率
低边驱动输出	4 路；额定 2.5A

6.2　协同控制器的硬件设计

6.2.1　协同控制器对应的输入输出信号

协同控制器电气接线图与其对应的输入输出信号分别如图 6-1 和表 6-2 所示。

表 6-2　协同控制器输入输出信号

脚位	定　　义	功　　能	输入/输出	备　　注
1	电源	12V 常电	输入	AM3 蓄电池 12V+
3	电源地 1	车身地	输入	AL2　0V

续表

脚位	定　义	功　能	输入/输出	备　注
4	电源地 2	车身地	输入	AL3　0V
5	电源地 3	快充 1 插座 1 12V-信号	输入	AL1　0V
7	模拟 4	电子挡位信号采集 1	输入	AK3 模拟量 1
8	模拟 1	电子挡位信号采集 2	输入	AF3 模拟量 2
10	高有效输入 11	ACC 挡电	输入	AM2 ACC 电源信号
11	高有效输入 7	ON 挡电	输入	AE2 钥匙 ON 挡信号
13	高有效输入 9	R 挡	输入	AC2
15	高有效输入 1	D 挡	输入	AD2
22	CAN0L	整车 CAN0 低		AA2 与 CAN0H 并联 120Ω 电阻
23	CAN1H	整车 CAN1 高		AB1 与 CAN1L 并联 120Ω 电阻
28	高有效输入 5	快充 1 插枪检测信号	输入	此信号需跟 58 号脚并接
29	高有效输入 12	刹车信号输入	输入	AH2
30	高有效输入 8	水泵故障诊断	输入	AK2 波形不复杂的 PWM 信号
31	高有效输入 6	START 信号	输入	AJ2
32	高有效输入 5	快充 2 插枪检测信号	输入	此信号需跟 58 号脚并接
33	高有效输入 2	经济模式开关输入	输入	高低电平信号
35	低有效输入 8	制动踏板副开关常地检测	输入	AF1　0V
39	CAN 通信隔离地	CAN GND		AB3 不接线
40	CAN 通信隔离地	CAN GND		AA3 不接线
41	CAN0H	整车 CAN0 高		AA1 与 CAN0L 并联 120Ω 电阻
42	CAN1L	整车 CAN1 低		AB2 与 CAN1H 并联 120Ω 电阻
43	CAN2L	整车 CAN2 低		AB2 与 CAN2H 并联 120Ω 电阻
45	5V 输出 1	+5V 电源 1	输出	BG4　6 路共享 200mA
46	5V 输出 2	+5V 电源 2	输出	BG2　6 路共享 200mA
58	点火信号	ACC 挡电	输入	AF2 高有效输入，唤醒（包括 ON 挡唤醒及两路充电插枪唤醒）
64	信号地 2	GND2	输出	BH4 数字地

续表

脚位	定　义	功　能	输入/输出	备　注
65	信号地 1	GND1	输出	BH2 数字地
73	电源地 3	快充 2 插座 1 12V-信号	输入	AL1　0V
86	正控 1	冷却风扇低速继电器控制	输出	BD3 输出 0　12V
87	正控 2	水泵继电器控制	输出	BF4 输出 1　12V
94	正控 6	水泵转速控制	输出	BA1 输出 8 12V PWM
95	负控 2	主接触器 1 控制	输出	AM4 输出 5　0V 底边输出
104	负控 3	预充继电器 1 控制	输出	BG1　0V 低边输出 0
105	负控 4	PTC 接触器控制	输出	BB4 0V 低边输出 1
110	负控 1	快充接触器 1 控制	输出	AL4　0V 低边输出 2
112	正控 5	冷却风扇高速继电器控制	输出	BC3 输出 9
114	正控 10	倒车继电器控制	输出	BB3 输出 11
115	负控 2	主接触器 2 控制	输出	AM4 输出 5　0V 底边输出
116	负控 1	快充接触器 2 控制	输出	AL4　0V 低边输出 2
117	负控 3	预充继电器 2 控制	输出	BG1　0V 低边输出 0
118	正控 18	12V 低压主继电器控制	输出	BE4 输出 15
24	CAN2H	整车 CAN2 高		AB1 与 CAN2L 并联 120Ω 电阻
25	模拟 5	快充插座 1 温度 1+	输入	BC1 模拟量 4
62	模拟 6	快充插座 1 温度 2+	输入	BE1 模拟量 5
71	信号地 4	快充插座 1 温度 1-	输出	BD1 数字地
72	信号地 4	快充插座 1 温度 2-	输出	BF1 数字地
75	信号地 4	快充插座 2 温度 1-	输出	BD1 数字地
温度	模拟 5	快充插座 2 温度 1+	输入	BC1 模拟量 4
76	信号地 4	快充插座 2 温度 2-	输出	BF1 数字地
温度	模拟 6	快充插座 2 温度 2+	输入	BE1 模拟量 5

6.2.2　协同控制器的主控芯片

选用英飞凌公司生产的功耗小的 AURIX 2G TC375（SAK-TC375TP-96F300W AA）微控制器作为协同控制器的主控制芯片。TC375 硬件架构如图 6-2 所示。

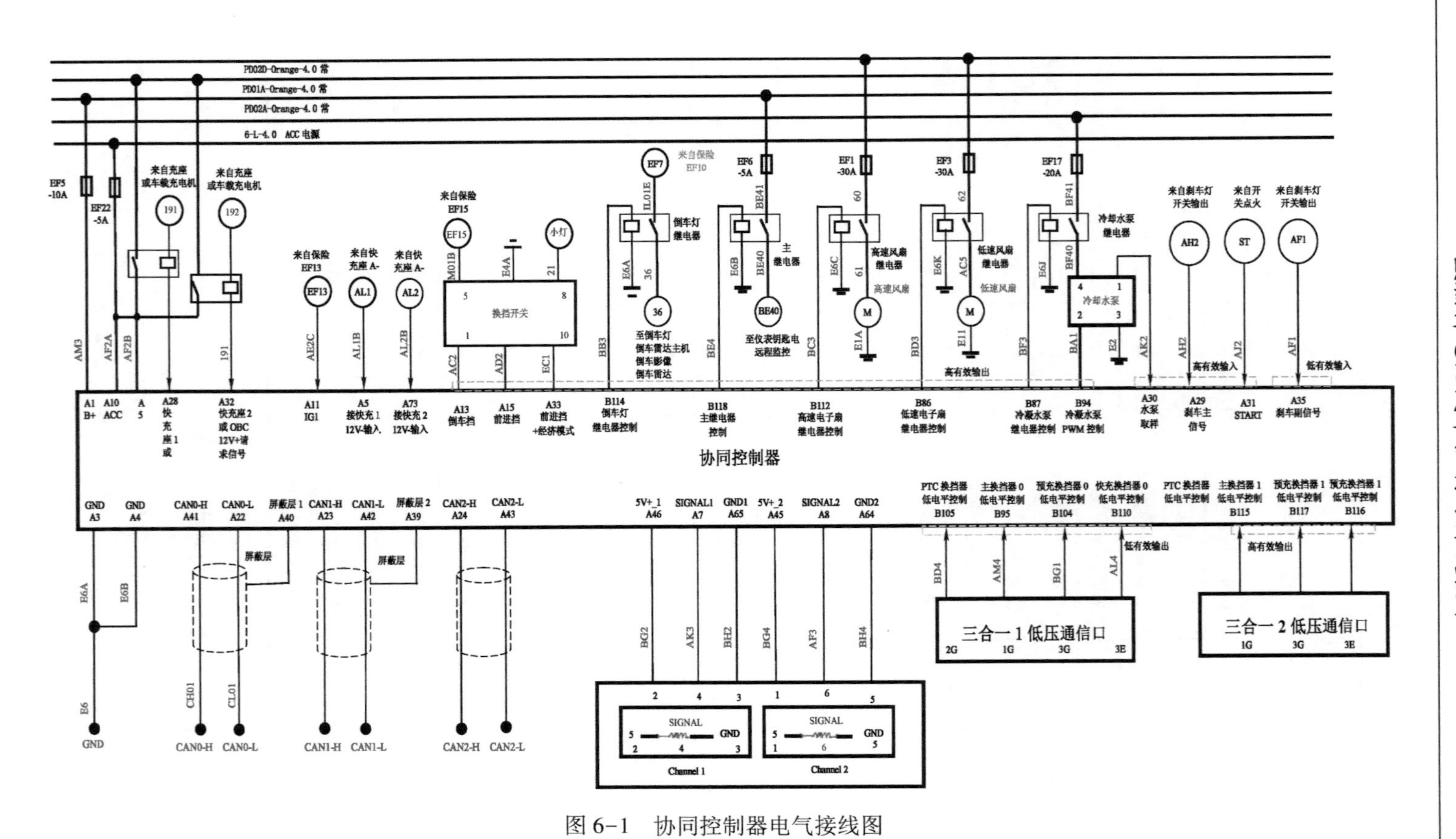

图 6-1　协同控制器电气接线图

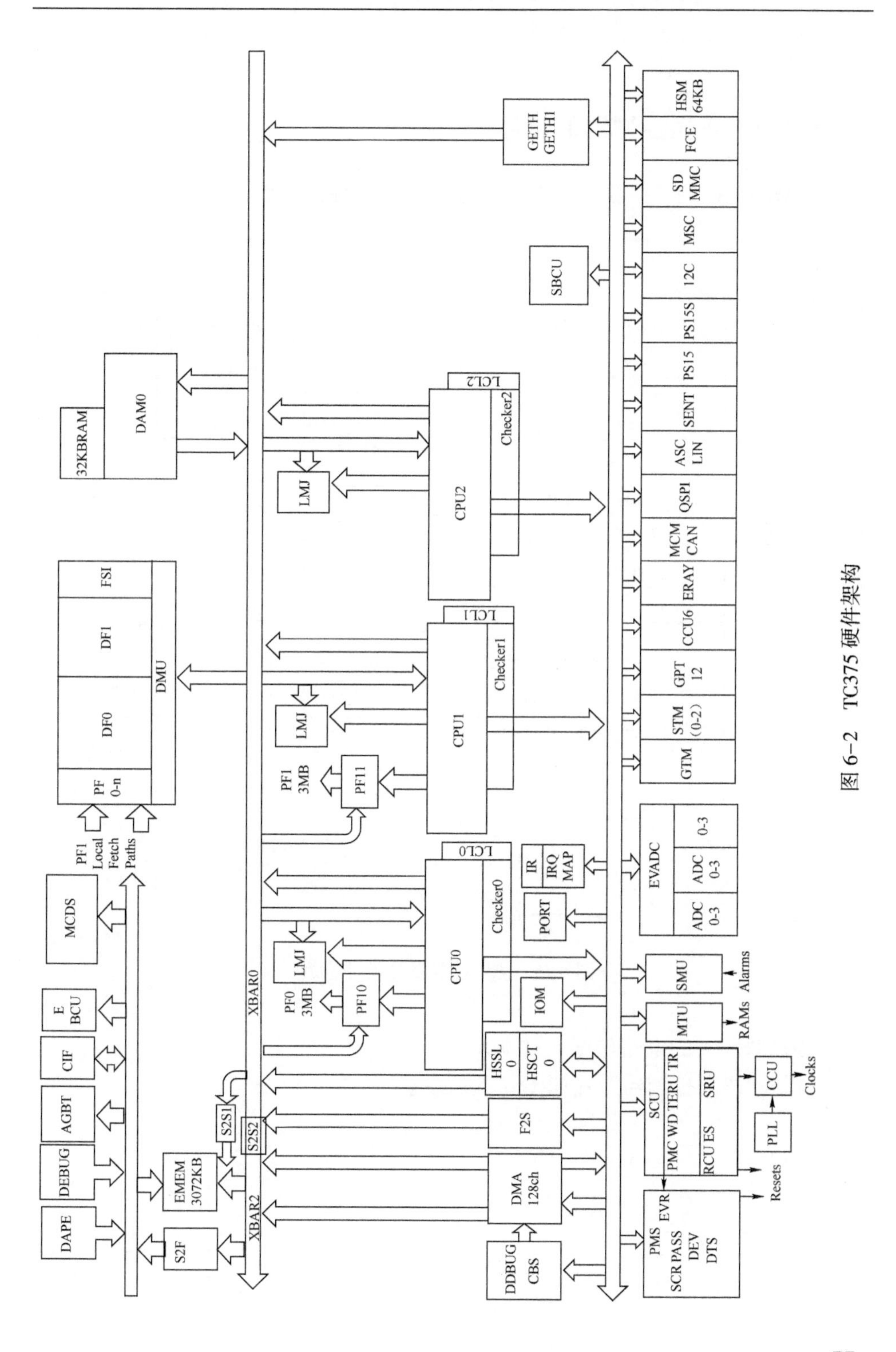

图 6-2　TC375 硬件架构

6.2.3 协同控制器的硬件

根据协同控制器硬件的主要技术参数设计其硬件电路，硬件组成如图 6-3 所示。

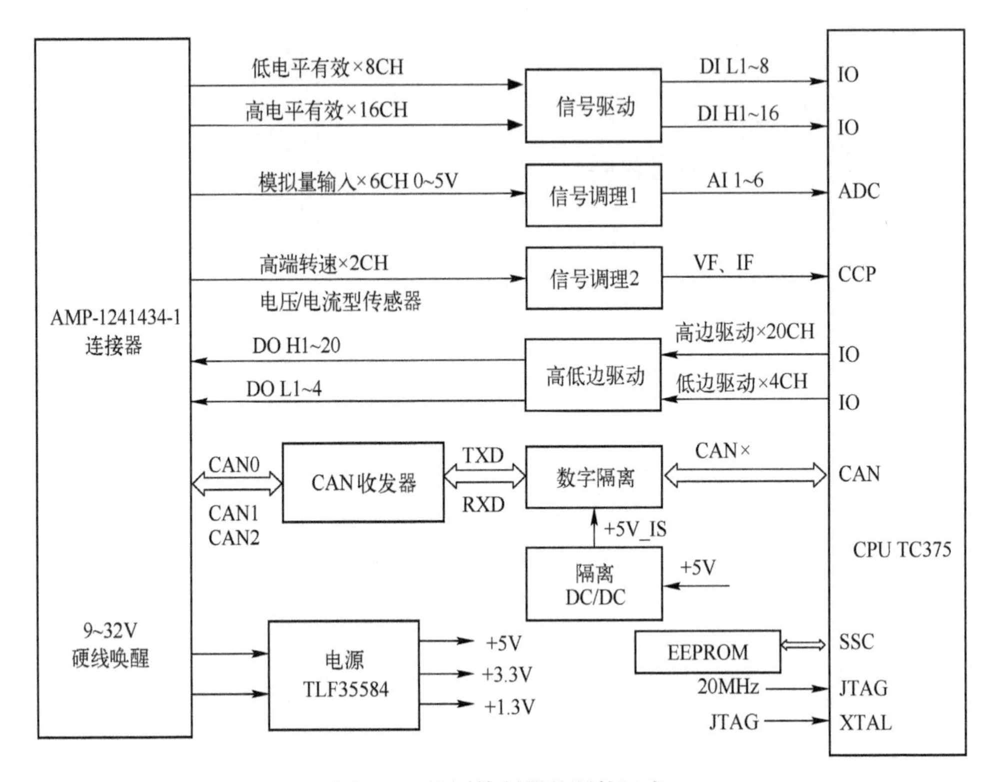

图 6-3　协同控制器的硬件组成

CPU TC375 的电路如图 6-4 所示。

研制的协同控制器照片如图 6-5 所示。

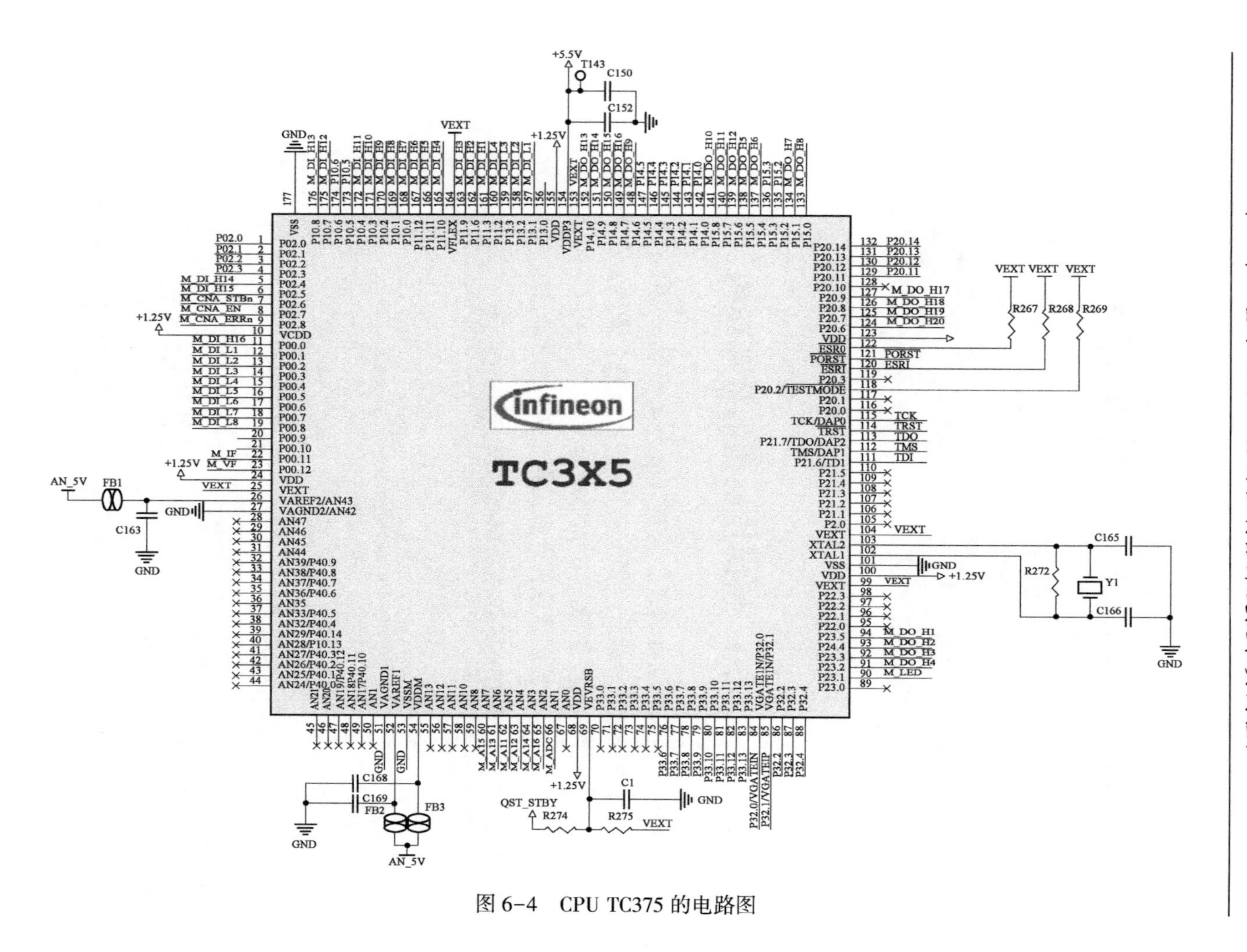

图 6-4　CPU TC375 的电路图

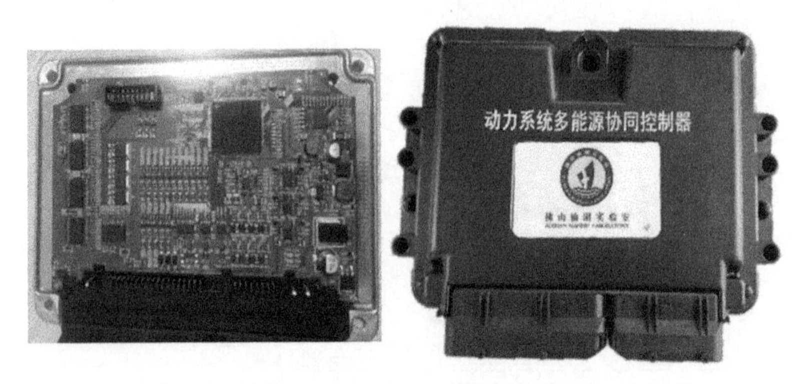

图 6-5　研制的协同控制器照片

6.3　协同控制器的软件架构

根据协同控制器功能需求，将英飞凌公司提供的 MCAL 与 AutoSAR 分层架构通过配置服务进行融合（图 6-6）。按照该融合架构，在 AutoSAR 分层架构基础上，构建协同控制器的 AutoSAR 分层架构（图 6-7），然后选择基于 AutoSAR 的汽车电子控制器软件开发工具，进行协同制器的软件开发。

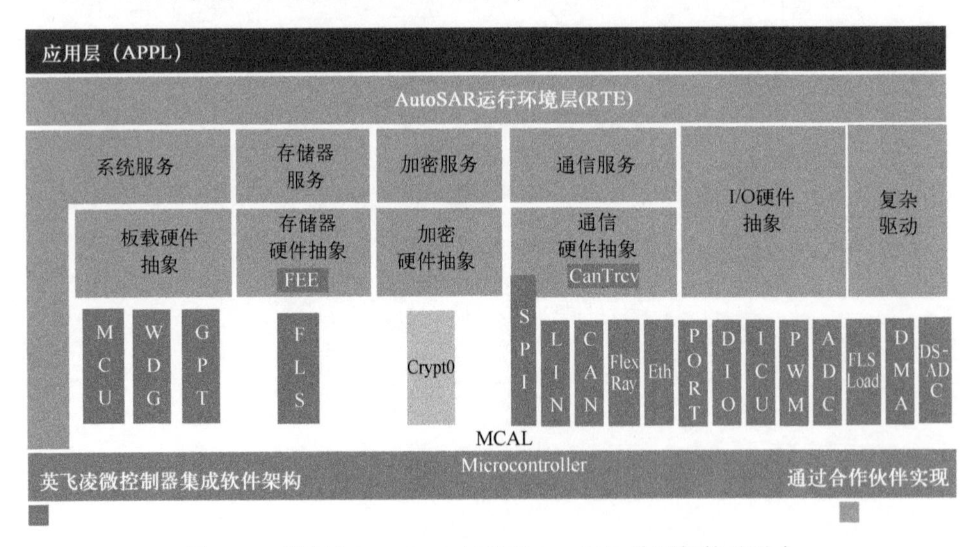

图 6-6　英飞凌 MC-ISAR 与基于 AutoSAR 分层架构的融合

图 6-7 中，BSW 对硬件进行封装，供 APPL 标准化调用，由微控制器抽象层 MCAL（对协同控制器所用的主控芯片 SAK-TC375TP-96F300W AA 的抽

象）、ECU 抽象层（提供了协同控制器应用相关的服务）、服务层（提供了协同控制器非应用相关的服务）和复杂驱动（复杂的硬件驱动）组成。其中，MCAL 主要包括微控制器驱动、存储器驱动、通信驱动和 I/O 驱动。

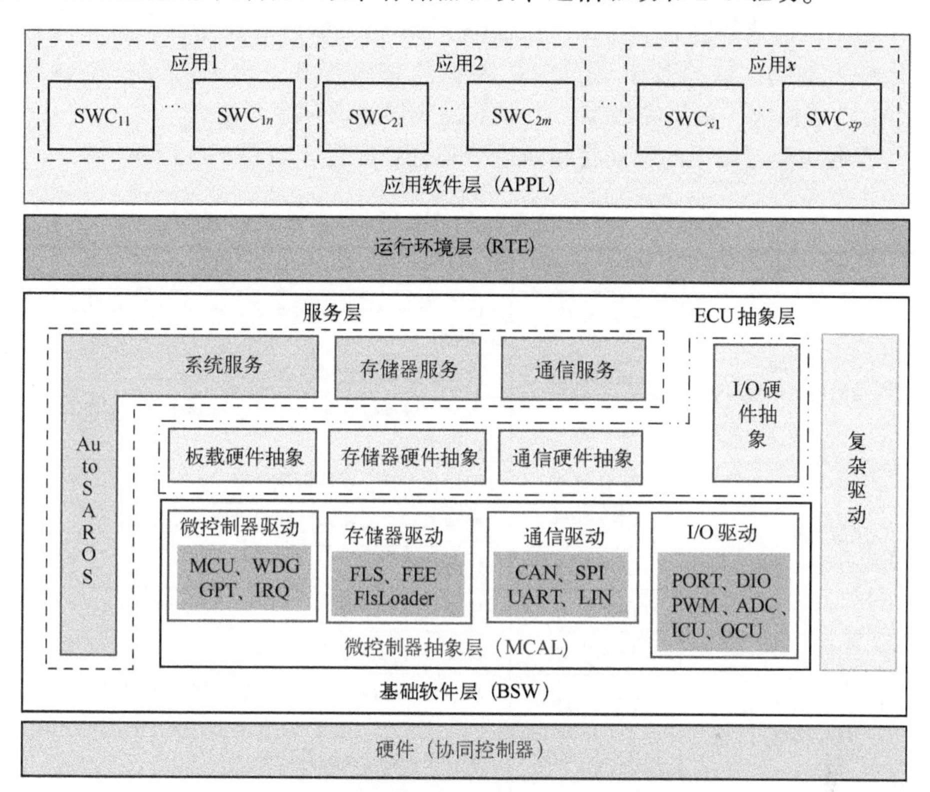

图 6-7　协同控制器软件开发的 AutoSAR 分层架构

APPL 是应用软件组件的集合，软件组件间通过端口交互，每个组件可以包含一个或多个运行实体，每个实体描述了 ECU 的功能和行为。

RTE 通过标准接口为 APPL 提供运行所需要的资源，通过虚拟功能总线 VFB 的实现，隔离 APPL 与 BSW，摆脱以往 ECU 软件开发与验证时对硬件系统的依赖。

6.4　协同控制器的 MCAL 功能模块配置

MCAL 是整个 AutoSAR 结构中与芯片连接最为紧密的部分，其主要作用是将芯片的寄存器操作封装成为一个 AutoSAR 规定的统一的应用程序接口（API），供上层调用。配置微控制器 MCAL，完成对主芯片 TC375 的封装，提供标准接口供 APPL 调用。Elektrobit 公司的产品 EB tresos（简称“EB”）是用于配置 AutoSAR 规范中的硬件抽象层 MCAL 的工具。EB tresos Studio 提供了一个图形化的用户界面，可完成对引脚、基地址、硬件对象句柄等的定义。

使用已购置的静态 MCAL、Tasking、EB 相关软件开发平台，以协同控制器硬件为基础，依据基于 AutoSAR 架构的相应规范，确定协同控制器所需 MCAL 功能模块，最后完成 MCAL 模块的底层驱动程序开发。

根据功能与作用的不同将模块进行划分和配置，如表 6-3 所示。

表 6-3　协同控制器的 MCAL 功能模块配置

分　类	模块名称	功　能
安全功能（错误检测初始化与实现）	CRC 驱动	提供 AutoSAR 规定的 8 位、16 位和 32 位循环冗余校验功能
	DEM 驱动	故障诊断事件管理
	SMU 驱动	集成与硬件安全机制相关的报警信号，报警信号可触发内部操作
微控制器驱动（MCU 内核与外设配置）	MCU 驱动	初始化时钟，硬件资源分配
	WDG 驱动	监视系统，避免程序跑飞或陷入死循环
	GPT 驱动	定时功能
	IRQ 驱动	中断优先级配置
存储器驱动（片内存储器初始化与实现）	FLS 驱动	操作芯片内部 DFlash0 内存
	FEE 驱动	AutoSAR 架构中 FLS 的上层，使用 Flash 存储模拟 EEPROM 存储
	FlsLoader 驱动	制作 BootLoader 启动程序
通信驱动（对协同控制器板载外设与汽车网络通信外设的初始化与控制）	SPI 驱动	SPI 通信，与外设信息交互
	CAN 驱动	CAN 通信，高速通信
	UART 驱动	UART 通信，低速通信
	LIN 驱动	LIN 通信，低速通信
	FlexRay 驱动	FlexRay 通信，速度快于 CAN 通信
	以太网驱动	以太网通信，速度快于 FlexRay 通信
I/O 驱动（输入输出功能的初始化与实现）	PORT 驱动	定义引脚方向与复用功能
	DIO 驱动	引脚名称管理
	ADC 驱动	AD 转换，模拟量转换为数字量
	PWM 驱动	输出 PWM 波形
	ICU 驱动	输入信号捕捉测量
	OCU 驱动	输出信号捕捉测量

采用基于 AutoSAR 的程序配置方法，完成表 6-3 中协同控制器所需 MCAL 功能模块的底层驱动开发。限于篇幅，以 CAN 驱动程序开发为例，陈述 CAN 模块底层驱动程序开发的过程。

6.5　功能模块驱动程序代码开发和调试平台

在开发各模块底层驱动之前，需要依次安装以下开发工具软件：

（1）安装 EB tresos 软件并激活有效 License；

（2）安装对应 CPU 的 MCAL base 包及其他功能包，该部分主要是芯片相关功能的静态 MCAL 代码，根据协同控制器主控芯片，选用英飞凌公司提供的 TC3XX 系列静态代码包；

（3）MCAL base 包安装后，将 plugin 文件夹里面的所有文件拷贝到 EB tresos 的 plugin 文件夹；

（4）安装底层驱动配置生成代码的集成调试环境软件，选用 Hightec。

各功能模块驱动程序代码开发和调试平台如图 6-8 所示。

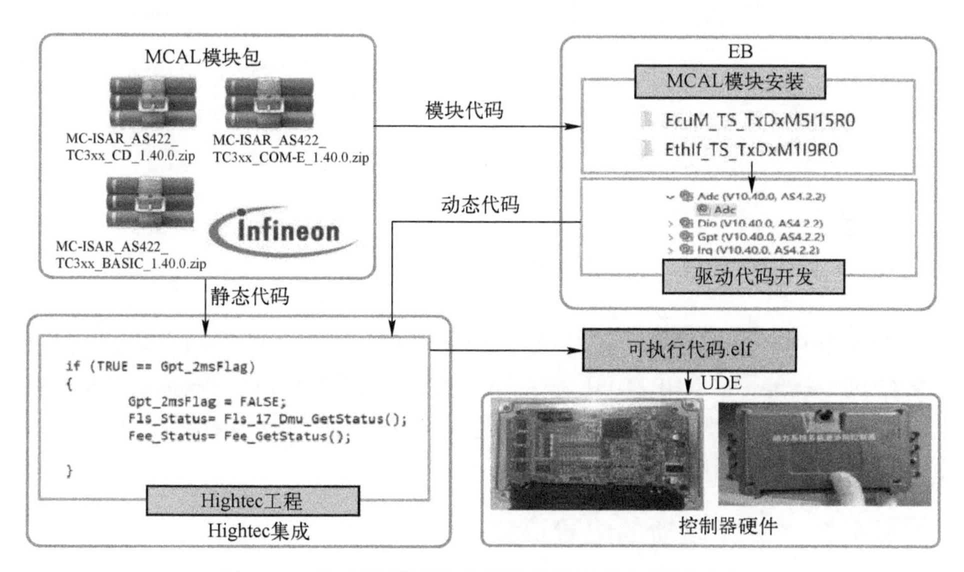

图 6-8　各功能模块驱动程序代码开发与调试平台

6.6 底层驱动程序实例——CAN

6.6.1 CAN 接口电路

协同控制器设计有 3 路 CAN 总线接口，总线与协同控制器内部控制电路进行电气隔离，硬件电路可支持最高到 5MBd 的速率；软件默认满足 SAE J1939 协议，根据用户需求设置波特率。

TC375 具有支持 3 路 CAN2.0 的 CAN 总线控制器，连接 CAN 收发器即可完成通信。3 路 CAN 通信模块设计原理基本相同。现以一路 CAN 通信模块进行陈述。

CAN 接口采用英飞凌 TLE6250GV33 收发器，接口电路如图 6-9 所示。

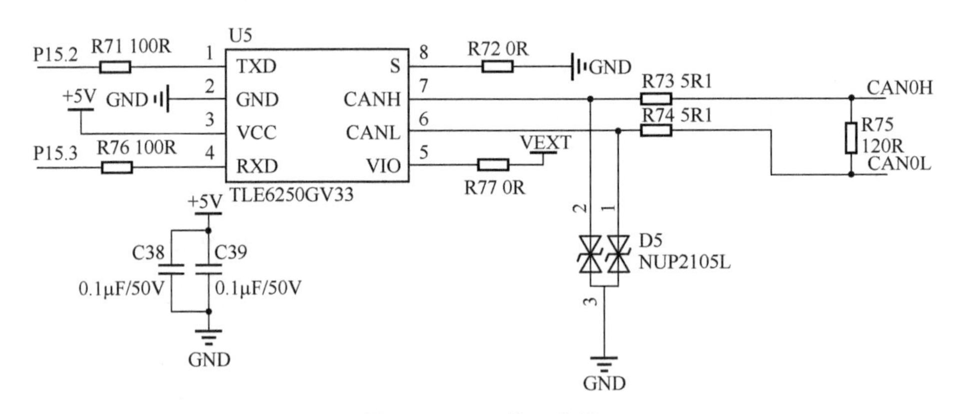

图 6-9　CAN 接口电路

图 6-9 中，在 CAN_H 和 CAN_L 引脚之间增加 120Ω 电阻，以提高 CAN 总线的抗干扰能力；NUP2105L 是一种高效的静电放电（electrostatic discharge, ESD）静电保护二极管，保护收发器免受 ESD 和其他有害的瞬态电压损害，起到静电防护的作用。

6.6.2 CAN 驱动的配置流程

CAN 驱动的软硬件接口映射如图 6-10 所示。

由图 6-10 可知，实现 CAN 通信功能的驱动程序配置，需要对 CAN 模块、MCU 模块、PORT 模块、IRQ 模块和 MCalLib 模块进行相关配置。

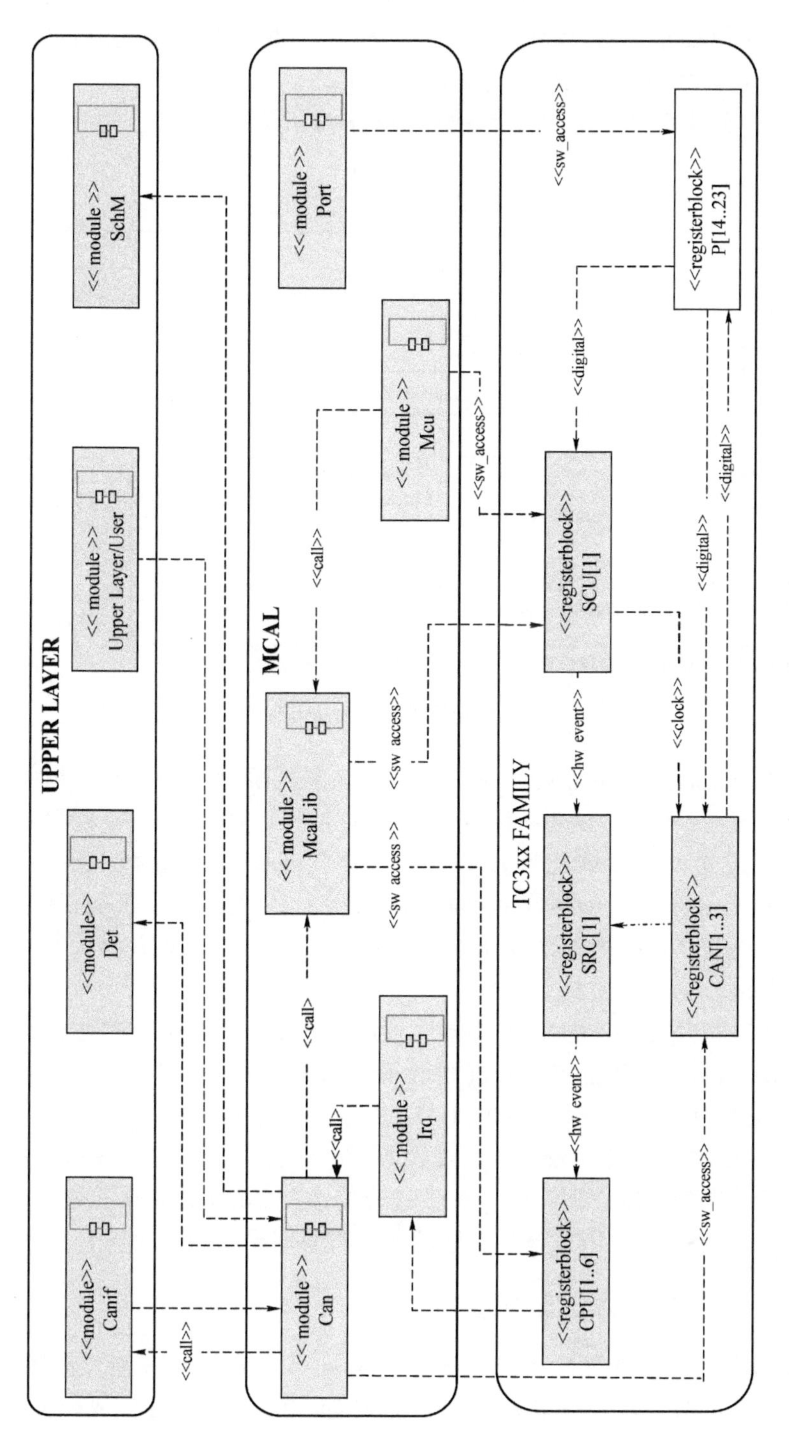

图 6-10　CAN 驱动的软硬件接口映射

MCalLib 模块是所有驱动功能必需的模块，添加到 ECU 的 Configuration 后，相关参数会根据建立工程的设置自动产生。

在 EB 中配置 CAN 通信相关参数，如图 6-11 所示。

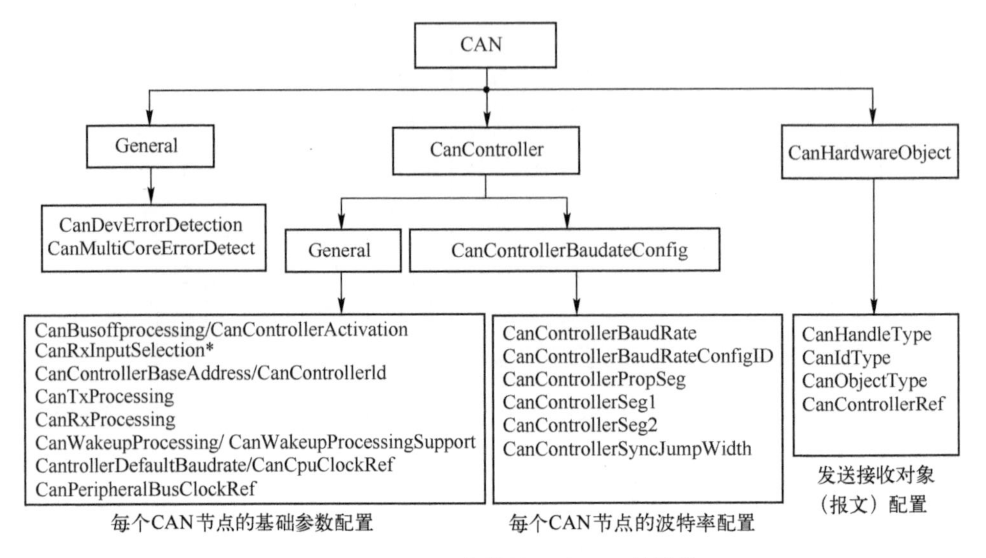

图 6-11　CAN 通信模块层次配置的结构

在图 6-11 中，General 配置常用 API。在测试阶段，禁用安全相关 API，以避免编译报错；CanController 配置 CAN 节点信息，其中 General 配置 CAN 节点收发报文方式（中断或轮询），确定 CAN 节点基地址与时钟源，CanControllerBaudateConfig 配置 CAN 节点传输的波特率；CanHardwareObject 配置 CAN 报文，主要配置 CAN 报文类型（扩展或标准），CAN 报文方向（接收或发送），配置接收 CAN 报文的 ID。

依据英飞凌公司提供的 CAN 容器配置层次模型，结合协同控制器的需求，把 MCAL 层、ECU 抽象层和服务层同时可以做的工作进行分工，得到 MCAL 层 CAN 驱动配置的主要流程，如图 6-12 所示。

在图 6-12 中，一些比较简单的配置不做一一介绍，配置流程过程中要经常进行校验，发现问题立即返回上一步进行修改。CanController 的添加个数与硬件电路中设计的 CAN 收发器的个数相等，配置时也需一一对应。

6.6.3　CAN 节点的基础参数配置

CAN 节点的基础参数配置，主要包含 Can 节点发送接收消息处理方式、节点的基地址和节点输入类型选择，在 CanController→General 完成配置。

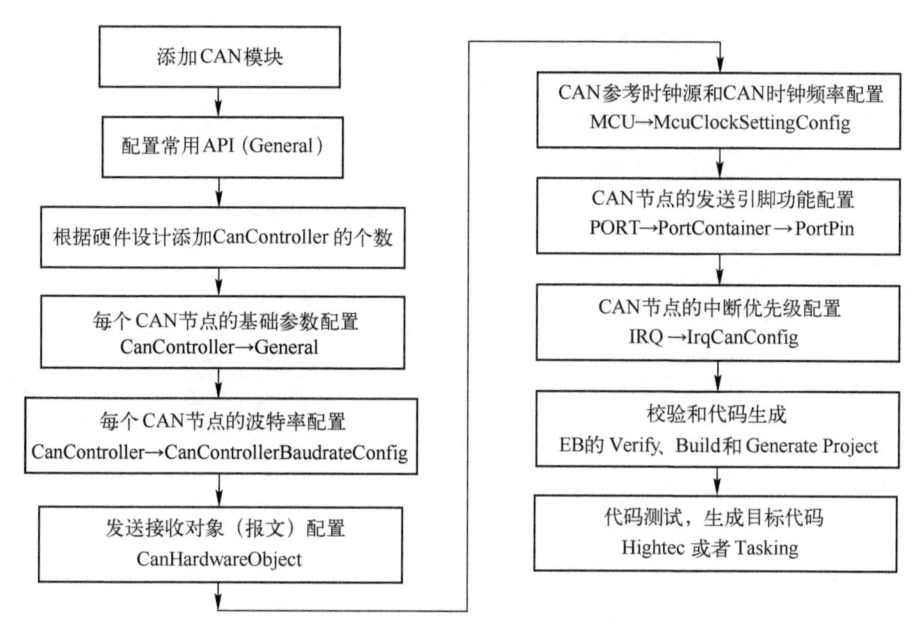

图 6-12　CAN 驱动配置的主要流程

基础参数 General 子项配置如图 6-13 所示。

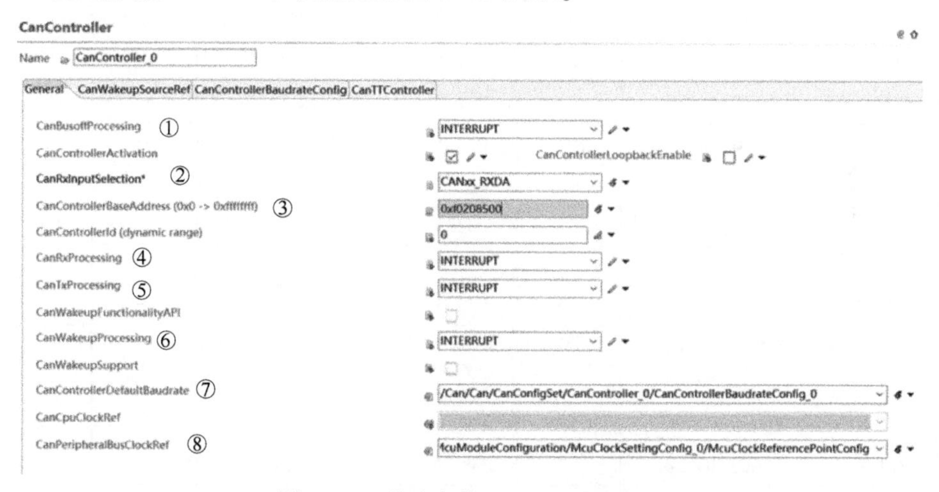

图 6-13　基础参数 General 子项配置

结合硬件电路和协同控制器需求，图 6-13 中各项配置如下。

1. 发送接收消息处理方式配置

第①④⑤⑥项是设置对消息的处理方式，有轮询 POLLING 和中断 INTERRUPT 两种方式可以选择，根据实际需要此处均选择中断方式。

2. 节点输入类型配置

第②项是 CAN 节点输入类型选择。

根据 TC375 技术手册整理得到 CPU 的 Pin 引脚与 CAN 模块、CAN 节点及其发送和接收的关系，如表 6-4 所示。

表 6-4 TC375 引脚-CAN 模块对应关系

引脚	符号	控制	引脚	符号	控制
P00.0	CAN10_TXD	O5	P15.0	CAN02_TXD	O5
P00.1	CAN10_RXDA		P15.1	CAN02_RXDA	
P00.2	CAN03_TXD	O5	**P15.2**	**CAN01_TXD**	**O5**
P00.3	CAN03_RXDA		**P15.3**	**CAN01_RXDA**	
P00.4	CAN11_TXD	O3	P20.0	CAN03_RXDC	
P00.5	CAN11_RXDB		P20.3	CAN03_TXD	O5
P02.0	CAN00_TXD	O5	P20.6	CAN12_RXDA	
P02.1	CAN00_RXDA		P20.7	CAN00_RXDB，CAN12_TXD	Input O5
P02.2	CAN02_TXD	O5	P20.8	CAN00_TXD	O5
P02.3	CAN02_RXDB		P20.9	CAN03_RXDE	
P02.4	CAN11_RXDA		P23.0	CAN10_RXDC	
P02.5	CAN11_TXD	O2	P23.1	CAN10_TXD	O5
P10.2	CAN02_RXDE		P23.2	CAN12_TXD	O5
P10.3	CAN02_TXD		P23.3	CAN12_RXDC	
P10.7	CAN12_TXD	O6	P32.2	CAN03_RXDB	
P10.8	CAN12_RXDB		P32.3	CAN03_TXD	O5
P11.10	CAN03_RXDD		P33.4	CAN13_TXD	O7
P11.12	CAN03_TXD	O5	P33.5	CAN13_RXDB	
P13.0	CAN10_TXD	O7	P33.7	CAN00_RXDE	
P13.1	CAN10_RXDD		P33.8	CAN00_TXD	O5
P14.0	CAN01_TXD	O5	P33.9	CAN01_TXD	O5
P14.1	CAN01_RXDB		P33.10	CAN01_RXDD	
P14.6	CAN13_TXD		P33.12	CAN00_RXDD	
P14.7	CAN10_RXDB CAN13_RXDA		P33.13	CAN00_TXD	O5
P14.9	CAN10_TXD	O4	P33.12	CAN00_RXDD	
P14.8	CAN02_RXDD		P33.13	CAN00_TXD	O5
P14.10	CAN02_TXD	O5			

根据前面硬件电路图 6-9 和表 6-4 可知，CAN 通信具有 RXDA、RXDB、RXDC、RXDD、RXDE 5 种类型，同样从表 6-4 中可查阅对应电路原理图中需设置的节点输入引脚对应的类型。

CAN 收发器发送引脚是 P15.2，接收引脚是 P15.3，查表 6-4 可知该节点的输入类型为 RXDA，对应节点为 CAN01。

3. CAN 控制器节点基地址配置

第③项是 CAN 控制器节点 CAN01 的基地址配置。TC375 共有 2 个 CAN modular，每个 modular 包含 4 个节点 Node，CAN01 中，其中 0 对应 modular 0，1 对应 node 1。

CAN 控制器节点与基地址对应关系，如表 6-5 所示。在基地址对应表中 CAN01 与 Node01 是一致的，选择第二行，即需配置基地址为 0xF0208500。

表 6-5　CAN 控制器节点与基地址对应关系

CAN 控制器	基　地　址
Controller 0（Node 00）	0xF0208100
Controller 1（Node 01）	0xF0208500
Controller 2（Node 02）	0xF0208900
Controller 3（Node 03）	0xF0208D00
Controller 4（Node 10）	0xF0218100
Controller 5（Node 11）	0xF0218500
Controller 6（Node 12）	0xF0218900
Controller 7（Node 13）	0xF0218D00

4. 默认波特率和参考时钟配置

第⑦项是默认波特率配置，直接单击下拉框选择默认值即可。第⑧项是总线参考时钟，若在 MCU 模块已经完成时钟树的基础上配置，则只需要单击下拉框就会出来参考时钟，直接选择即可。

综上，对应图 6-11 的 CAN 控制器节点驱动的基础参数中的 General 子项配置结果如图 6-13 所示。上述分析中，如果配置项出现红色的叉，需要仔细确认电路原理图中与 CPU 连接的引脚，查阅技术资料进行核对来改正。

6.6.4　CAN 节点的波特率配置

每个 CAN 节点的波特率配置在 CanControl→CanControllerBaudrateConfig 中完成配置。波特率配置如图 6-14 所示。配置期望波特率为 500kBd，图 6-14 中 4 个参数是根据 CAN 传输的各个时间参数进行计算得到的。

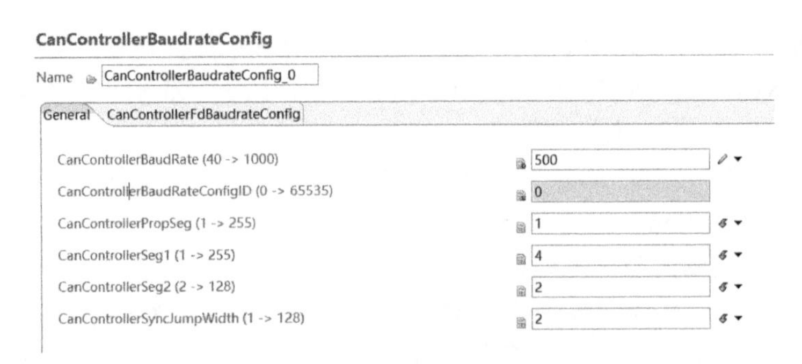

图 6-14　波特率配置图

6.6.5　发送接收对象（报文）配置

发送接收对象（报文）配置在 CanHardwareObject 中完成，主要是配置与 CAN 发送和接收对象相对应的信息，这里对象指的就是报文，包括 CAN 接收报文配置和 CAN 发送报文配置，两者基础参数配置除发送和接收配置不一样，其他都一致。

发送和接收对象配置信息包含 CAN 发送接收对象模式、CAN 信息帧类型、发送报文还是接收报文和对象数目等参数，如图 6-15 所示，这里只介绍主要参数的配置，其他用系统默认值即可。

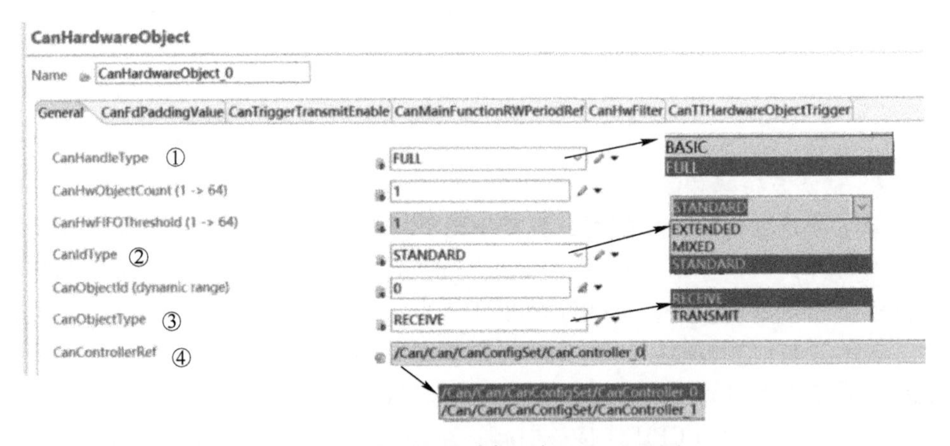

图 6-15　发送接收对象（报文）配置图

在图 6-15 中，第①项是对象 CAN 模式，有 BASIC 和 FULL 模式，一般而言，低速率和消息量少的 CAN 节点选择 BASIC CAN 模式，高波特率及多种消息的高总线负载的总线系统选择 FULL CAN 模式。根据上面波特率的配置可知该节点连接高速 CAN 总线，故选择 FULL CAN 模式。

第②项是 CAN 信息帧类型，有标准帧、扩展帧和混合 3 种模型，这里根据整车控制器通信矩阵的实际情况进行配置，测试程序配置为标准帧。

第③项是配置该对象为发送还是接收，也是根据实际情况进行配置。测试程序配置一个接收对象和一个发送对象。如果配置为接收对象，需要设置接收 CanHwFilterCode，这个参数也是根据通信矩阵确定的，测试时配置一个固定的报文 ID。当一个发送对象发送一条报文 ID 不与接收对象配置的 ID 相同时，按照过滤机制，该接收报文不能收到发送对象发出的信息，只有报文 ID 与 CanHwFilterCode 配置一致时才能接收到信息。

第④项是该对象属于哪个 CAN 收发控制节点，前面已经分析过 TC375 有 2 个 CAN 模块，总计可挂 8 路 CAN 收发器。这里在下拉列表中选择即可，测试程序配置 2 个 CAN 收发器。

配置发送接收对象时一定要遵循以下两点配置规则：

（1）CanObjectId 必须配置从 0 开始且连续；

（2）在添加对象时，接收对象必须连续在一起，发送对象必须连续在一起，不要在几个发送对象的中间有一个接收对象，也就是说对象分两组，接收对象一组，发送对象一组，且确保接收对象组在发送对象组的前面。

6.6.6　CAN 参考时钟源和 CAN 时钟频率配置

CAN 节点必须配置 CAN 参考时钟源和 CAN 时钟频率才能与总线上的其他节点进行通信，配置不正确就会导致时序混乱，无法实现正常通信。这两个参数的配置是在 MCU 模块里面配置的，这里的修改会影响到前面配置的 CAN 模块中的参数，当所有模块配置完成后要进行检查。

CAN 时钟源是在已经配置好时钟树的基础上进行选择，在 MCU 模块的 McuClock SettingConfig 子项下面，找到 McuMCanClockSourceSelection 参数，其下有 3 个选项：MCAN_CLOCK_SOURCE_DISABLED_SEL0 是禁止外设频率，MCAN_CLOCK_SOURCE_ MCANI_SEL1 表示采用 fMCANI 的频率作为 MCAN 外设频率时钟源，MCAN_CLOCK_ SOURCE_OSC_SEL2 表示用振荡器频率作为 MCAN 外设频率时钟源。根据需要选择第二项。

CAN 时钟频率的设置参数是 McuMCanFrequency，配置为 200MHz，这个频率不能任意输入，要符合一定的分频系数。

6.6.7　CAN 节点的发送引脚功能配置

CAN 节点的接收引脚在 CAN 模块已完成相关配置，由基地址和接收输入类型就能匹配到唯一的接收引脚。发送引脚功能匹配在 PORT 模块进行配置，其配置如图 6-16 所示。

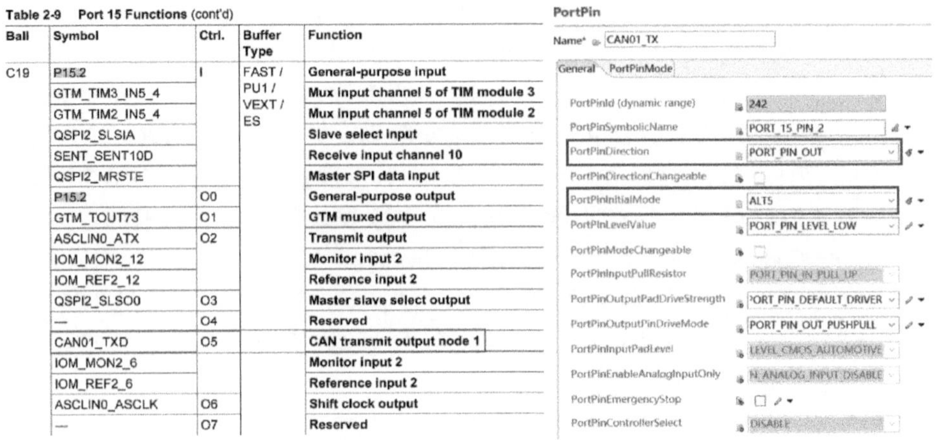

Table 2-9　Port 15 Functions (cont'd)

Ball	Symbol	Ctrl.	Buffer Type	Function
C19	P15.2	I	FAST / PU1 / VEXT / ES	General-purpose input
	GTM_TIM3_IN5_4			Mux input channel 5 of TIM module 3
	GTM_TIM2_IN5_4			Mux input channel 5 of TIM module 2
	QSPI2_SLSIA			Slave select input
	SENT_SENT10D			Receive input channel 10
	QSPI2_MRSTE			Master SPI data input
	P15.2	O0		General-purpose output
	GTM_TOUT73	O1		GTM muxed output
	ASCLIN0_ATX	O2		Transmit output
	IOM_MON2_12			Monitor input 2
	IOM_REF2_12			Reference input 2
	QSPI2_SLSO0	O3		Master slave select output
	—	O4		Reserved
	CAN01_TXD	O5		CAN transmit output node 1
	IOM_MON2_6			Monitor input 2
	IOM_REF2_6			Reference input 2
	ASCLIN0_ASCLK	O6		Shift clock output
	—	O7		Reserved

PortPin

Name* CAN01_TX

General　PortPinMode

Parameter	Value
PortPinId (dynamic range)	242
PortPinSymbolicName	PORT_15_PIN_2
PortPinDirection	PORT_PIN_OUT
PortPinDirectionChangeable	☐
PortPinInitialMode	ALT5
PortPinLevelValue	PORT_PIN_LEVEL_LOW
PortPinModeChangeable	☐
PortPinInputPullResistor	PORT_PIN_IN_PULL_UP
PortPinOutputPadDriveStrength	PORT_PIN_DEFAULT_DRIVER
PortPinOutputPinDriveMode	PORT_PIN_OUT_PUSHPULL
PortPinInputPadLevel	LEVEL_CMOS_AUTOMOTIVE
PortPinEnableAnalogInputOnly	N_ANALOG_INPUT_DISABLE
PortPinEmergencyStop	☐
PortPinControllerSelect	DISABLE

图 6-16　发送引脚功能配置图

从手册资料查找 P15.2 作为 CAN 发送引脚功能时，其功能复用标识为 O5，然后在 PortPin 设置该 PortPinInitialMode 为 ALT5，另外配置该引脚为输出，其他采用默认配置即可。图 6-16 中两个方框里的参数必须配置。

6.6.8　CAN 节点的中断优先级配置

前面在 CAN 模块中已将消息处理机制配置为中断方式，需要对 CAN 节点相关服务的中断优先级进行配置，优先级配置在 IRQ 模块。

CAN 中断服务的优先级配置流程如下。

（1）确定 CAN 节点对应的收发器节点，前面从原理图和基地址列表中确定对应节点为 Node01，在基地址列表中 Node01 对应的是 Controller1，代表该节点对应的硬件收发器。

（2）确定中断服务寄存器。因为 CAN 模块的节点多，中断服务也多，这里只列出 Controller1 对应的中断服务，如表 6-6 所示。

表 6-6　Controller1 中断服务配置表

信　号	服务类型	调用函数
CAN0SR4_ISR	Service on CAN data reception through dedicated buffer	can_17_Mcmcan_IsrReceiveHandler（CAN_17_MCMCAN_HWMCMKERNEL0_ID，CAN_17_MCMCAN_HWMCMCONTROLLER01ID）
CAN0SR5_ISR	Service for the Transmission completion new entry event on TX FIFO Event	Can_17_McmCan_IsrTransmitHandler（CAN_17_MCMCAN__HWMCMKERNEL0_ID，CAN_17_MCMCAN_HWMCMCONTROLLER01_ID）

续表

信　号	服务类型	调用函数
CAN0SR6_ISR	Service on CAN controller within Bus Off mode	can_17_Mcmcan_ISrBuSOffHandler（CAN_17_MCMCAN__HWMCMKERNELO_ID，CAN_17_MCMCAN_HWMCMcONTROLLER01_ID）
CAN0SR7_ISR	Service on CAN receive FIFO water mark level or FIFO full level reached on Rx FIFO0 or Rx FIFO1	can_17_Mcmcan_IsrRXFIFOHandler（CAN_17_MCMCAN_HWMCMKERNEL0_ID，CAN_17_MCMCAN_HWMCMcONTROLLERO1_ID）

由表 6-6 可知，Contrller1 的接收中断服务寄存器为 CAN0SR4_ISR，发送中断服务寄存器为 CAN0SR5_ISR。当还需要配置该节点的总线停止 Bus Off 中断和接收缓冲区 FIFO 满中断时，就是往下的两个中断服务寄存器，每个节点有 4 个中断服务，根据需求进行配置。

（3）在 EB 中配置 IRQ 模块，该模块包含 CPU 的所有中断服务的相关配置。本部分只配置与 CAN 相关的，故进入 IrqCanConfig 子项，该子项包含每个节点的中断类型、中断优先级和中断服务所属 CPU 内核，中断类型都配置为基本型中断 CAT1，所属 CPU 内核根据实际情况决定，这里配置为 CPU0。

CAN0SR4_ISR 和 CAN0SR5_ISR 的配置在 IrqCan0Config 中进入该配置项，其配置界面如图 6-17 所示，优先级由协同控制器整体分配，这里接收中断优先级配置为 80，发送中断优先级配置为 81。

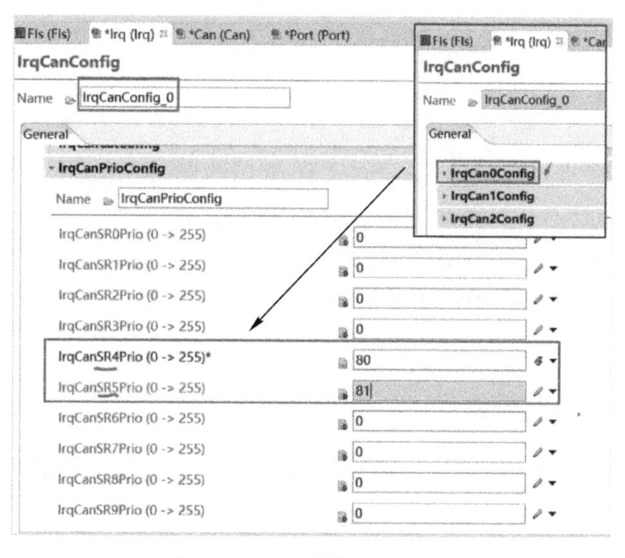

图 6-17　IRQ 模块配置界面

6.6.9 校验和生成代码

完成各相关模块的配置工作以后，进行校验，校验过程中一般会出现错误，根据错误提示，查阅相关资料修改配置，直至无错误，然后可以生成代码。EB 工程的文件结构如图 6-18 所示。

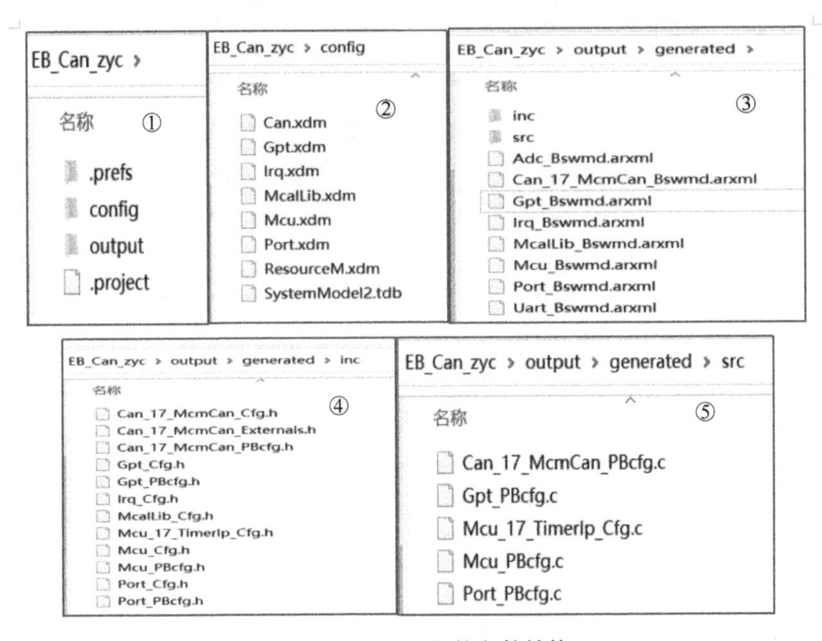

图 6-18　EB 工程的文件结构

在图 6-18 中，第①项是整个工程的文件结构，生成文件主要在 config 和 output 子文件夹；第②项 config 文件里的文件是生成的配置参数存储文件，每个模块对应一个参数文件；第③项中扩展名为 .arxml 是生成的微处理器抽象描述文件，也是每个模块对应一个文件，可以提供给能导入 arxml 描述文件的开发平台应用；第④和第⑤项生成 .h 和 .c 文件，提供给嵌入式代码集成用。

6.6.10 代码测试

AutoSAR 分层架构模型中，模型中各层及层中各功能的编程配置都可以分配给不同的角色来完成，最后再一起进行集成。当完成了驱动的配置后，能否达到整个项目的需求，还需要手写一部分代码来进行测试，通过测试结果来验证配置的正确性，不符合要求的需返回到上述过程中进行修改，直到达到目标。

所有配置代码都在 Hightec 软件中进行测试。测试代码工程结构和主要测试代码如图 6-19 所示。

图 6-19　测试代码工程结构和主要测试代码

图 6-19 是测试工程的基本框架，左侧文件树太长不完整，下面还有一个重要的文件夹 MCAL，该文件夹中存放英飞凌公司提供的 MCAL 静态代码。

由图 6-19 可知，工程文件主要包含静态代码文件、动态代码文件、集成环境代码文件、链接文件和生成的目标文件。开发驱动程序时主要就是完成动态代码的生成，也就是前面所完成的配置工作。

图 6-19 中测试代码的主要工作是节点每秒发送一帧报文，ID 为 0x718，报文包含 8 个字节的数据，数值为 0x00～0x07。可以通过一个 CAN 接收器来观察节点发送的数据，以验证配置的驱动程序的正确性。

测试时采用带 CAN 总线接口的示波器作为接收节点，测试设备连接如图 6-20 所示，该示波器能对 CAN 报文进行解码，其接收结果如图 6-21 所示。从图 6-21 中报文解码后的数据可以看到报文 ID 和数据与测试代码是一致的，验证了本次设计 CAN 驱动程序配置的正确性。

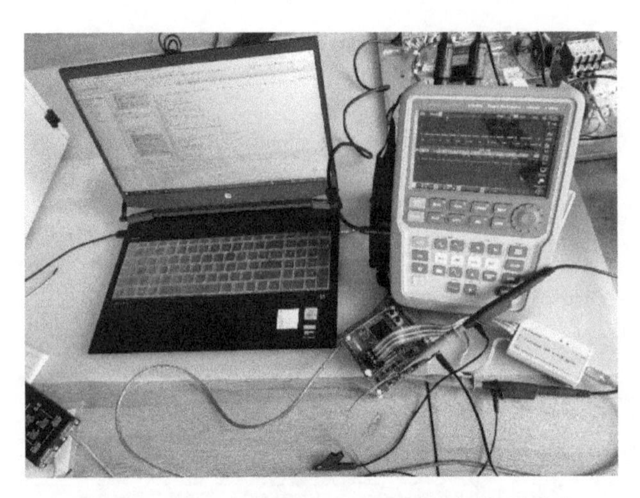

图 6-20　基于开发板的 CAN 驱动程序代码测试

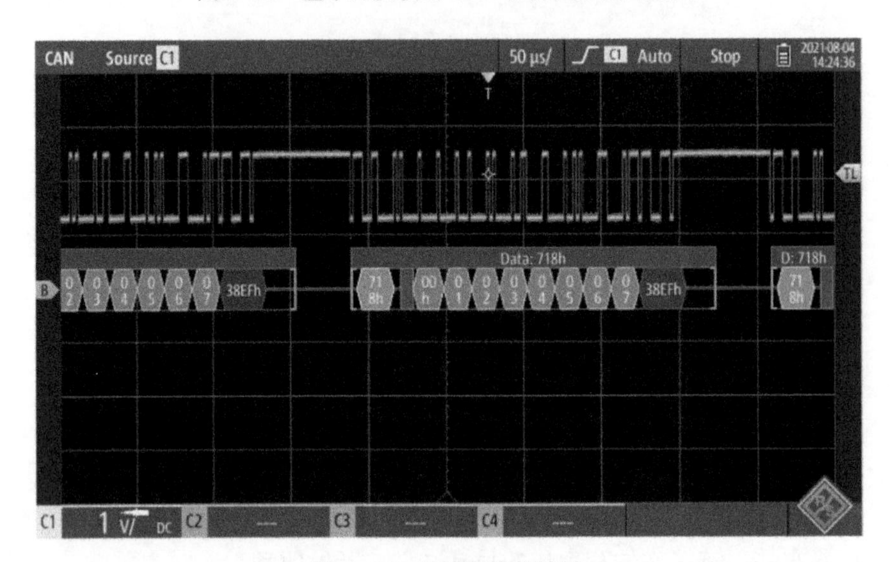

图 6-21　示波器接收结果

第 7 章　硬件在环测试方法与实例

硬件在环（HIL）系统是一种先进的仿真工具，它通过精确模拟车辆的物理行为和环境条件，为汽车电子控制策略的开发和测试提供了一个接近真实的实验平台。在汽车电子控制器的设计和开发过程中，验证控制策略和控制器硬件的性能至关重要。为确保汽车的安全性和经济性，通常在实车测试之前，采用 HIL 系统进行验证。

在 HIL 测试内容与工作流程、HIL 测试平台与开发工具软件，以及协同控制器的行为模型等的基础上，给出 HIL 测试开发技术，包括协同控制器的 HIL 系统软件开发流程、I/O 端口分配与连接、硬件资源配置、HIL 系统测试 Models 和人机交互界面设计等，最后通过实例——协同控制器基本功能的 HIL 测试验证。

7.1　HIL 测试内容与工作流程

7.1.1　HIL 测试内容

控制器 HIL 测试是一种模拟被控对象和系统运行环境，以真实控制器连接模拟的被控对象，进行系统测试的方法，通过以下内容测试，可以全面验证控制器硬件的性能、可靠性和安全性，确保其在实际应用中的稳定性。

1. 端口功能测试

测试控制器硬件的各个端口能否够正常工作，包括模拟输入、模拟输出、数字输入、数字输出、脉冲采集、脉冲输出和电源等。这些测试确保了控制器的物理接口能够正确地与外部设备通信。

2. 控制策略验证

确保控制器的算法和逻辑在模拟的各种操作条件下都能正确执行，实现预期的控制效果。

3. 极限工况模拟

在模拟的极端操作条件下，如极端温度、压力或负载变化等，测试控制器的性能和稳定性。

4. 实时响应能力评估

测试控制器对模拟的实时变化的响应速度和准确性，确保在实际应用中能够及时作出必要的调整。

5. 故障模拟

模拟各种可能的故障情况，如传感器失效、执行器故障、通信异常等，以测试控制器的故障检测、诊断和容错能力。

6. 系统集成测试

在模拟更复杂的系统环境中测试控制器与其他系统组件的集成和交互，确保整体系统的协调性。

7. 重复性测试

确保测试结果的一致性和可重复性，这对于验证控制器的一致性和质量控制至关重要。

7.1.2 HIL 测试工作流程

通过以下 HIL 测试工作流程，可以有效保证测试的准确性和可靠性，提高产品的质量和稳定性。

1. 明确测试目标和需求

首先要明确测试的具体目标，比如验证控制器的输入输出响应是否符合预期、系统是否稳定等。此外，还需确定测试的关键参数和边界条件。

2. 搭建测试环境

构建一个模拟真实车辆运行环境的测试台架，包括实时处理器、I/O 接口、操作界面等，以模拟车辆的各种运行参数和工况。

3. 制定测试策略

根据测试目标和需求，制定合适的测试策略，包括功能测试、性能测试、边界测试等。同时考虑测试的时序和并发性，以提高测试效率。

4. 设计测试用例

根据协同控制器的功能需求和技术规范，设计具体的测试用例，包括测试输入、预期输出和执行步骤等，确保测试的一致性和可重复性。测试用例需完整，如包括正常工况、异常工况和极限工况测试，确保全面覆盖控制器的所有功能。在测试过程中模拟各种可能的故障情况，验证控制器的故障诊断和处理能力，确保在实际车辆运行中能够及时发现并处理故障。

5. 验证测试用例

利用仿真工具或实际硬件对设计的测试用例进行验证，确保输出符合预期，并根据需要进行参数调整和优化。

6. 执行 HIL 测试

将设计好的测试用例应用于 HIL 测试系统，进行自动或手动测试，并记录测试结果、异常情况和其他关键信息。

7. 分析测试结果

在测试过程中采集关键参数数据，对测试结果进行分析，比较实际输出与预期输出的差异，确定问题的原因和解决方案，并进行必要的修复和优化。

8. 发布测试报告

根据测试结果和分析，撰写详细的测试报告，包括测试目标、方法、结果、分析、问题和建议等，为后续工作提供参考。

7.2　HIL 测试平台与软件开发工具

7.2.1　基于 dSPACE 的 HIL 仿真测试系统

dSPACE 硬件在环仿真测试系统主要包含 HIL 系统、上位机和协同控制器，如图 7-1 所示。HIL 系统是仿真测试系统中的核心设备，它提供高精度的

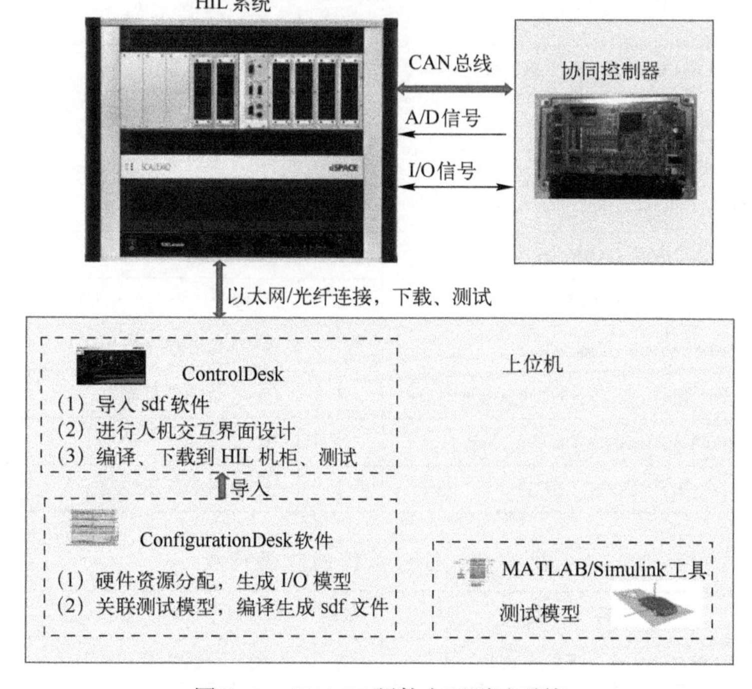

图 7-1　dSPACE 硬件在环测试系统

模拟传感器输入和执行器输出，支持实时数据处理和多种车辆通信协议，允许用户注入故障进行鲁棒性测试，并与仿真软件无缝集成；上位机用于测试模型的设计和实时观测，与 HIL 系统机柜相连接。

7.2.2 HIL 系统硬软件配置

HIL 系统设备照片如图 7-2 所示，硬件和软件配置分别如表 7-1 和表 7-2 所示，ASM 模型明细如表 7-3 所示。

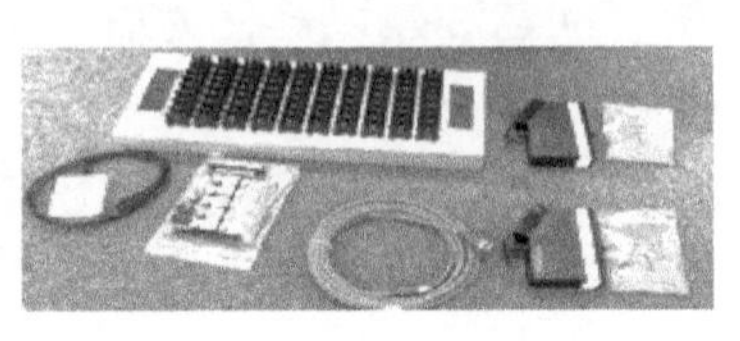

图 7-2 HIL 系统设备照片

表 7-1 HIL 系统的硬件配置

序号	名 称	数量	描 述
1	SCLX_PU_HCP_3U_RACK_P03_4P	1	实时处理器
2	DS2680_Only	1	多功能 IO 板卡
3	DS2671	1	CAN 总线板卡
4	SCLX_SLOT_UNIT_6S	1	IO 单元箱（6 插槽）
5	SCLX_UNIT_CARRIER	1	SCALEXIO 单元支架
6	SCLX_POWER_SUP_GEN_40V38A	1	可编程电源
7	SCLX_RACK_9HU	1	9HU 高机柜（带轮子）
8	HYPERTRONICS_CON90_CHASS_QT	4	HYP 接插件母端
9	HYPERTRONICS_CON90_CAB_QT	22	HYP 接插件（公端）
10	HYPERTRONICS_CRIMP	1	HYP 接插件压线钳子

表 7-2 HIL 系统的软件配置

序号	名 称	数量	描 述
1	HYPERTRONICS_EXTRACT	1	HYP 接插件退 PIN 工具
2	HSL_PATCH_SCLX_5	2	上位机通信线

续表

序号	名　称	数量	描　述
3	BOB_EXT_QT	1	外置 BOB 断线盒
4	DCI-CAN2	1	USB-CAN 盒
5	RTICANMM	2	CAN 总线配置模块
6	CFD_I_MP	1	多机柜处理器联调
7	CFD_I_ETH	1	Ethernet 通信模块
8	CFD_I_200	1	IO 通道配置软件
9	CFD_I_100	1	IO 通道配置软件
10	CONTROLDESK	2	上位机实验调试软件
11	CONTROLDESK_SE	1	信号编辑器
12	CONTROLDESK_ECU	1	CCP/XCP 标定软件
13	CONTROLDESK_DIAG	1	UDS 诊断软件
14	AUD_BASIC	1	自动化测试软件
15	FAILURE_SIM	1	故障注入调用 API 函数
16	PLATFORM_API	1	第三方调用 API 函数
17	SCLX_FS_100	1	SCALEXIO 故障注入授权

表 7-3　ASM 模型明细表

序号	名　字	数量	描　述
1	ASM_L_EC	1	ASM 电机电池模型库，编译授权
2	ASM_L_EC_RTV	1	ASM 电机电池模型库，运行授权
3	ASM_L_DTB	1	ASM 简单动力学模型库，编译授权
4	ASM_L_DTB_RTV	1	ASM 简单动力学模型库，运行授权
5	ENG_DSC fuel model	1	定制燃料电池模型
6	ModelDesk	1	模型参数化软件

7.2.3　软件开发工具

为了成功完成 HIL 测试，须安装和配置一系列专业的开发必备软件，主要包括 MATLAB/Simulink、Simulink Coder、ConfigurationDesk 和 ControlDesk，

能够在一个集成的环境中完成从概念到实施的各个阶段。

（1）MATLAB/Simulink 用于构建控制系统模型和控制策略模型，并模拟和测试这些模型的性能。通过 Simulink 的可视化环境，可轻松地设计、修改和优化控制算法。Simulink Coder 基于模型进行 C 代码生成。

（2）ConfigurationDesk 负责硬件资源配置，并将 Simulink 模型转换为可在嵌入式系统上运行的代码，确保模型的逻辑和功能可被准确地移植到实际的硬件平台上。ConfigurationDesk 提供了一个直观且用户友好的界面，使每个模块的设置都可以独立进行，从而显著提高了开发效率。

（3）ControlDesk 实验和测试阶段的重要工具，不仅能够识别和加载 ConfigurationDesk 导出的代码文件，还提供了一个直观的用户界面，用于实时数据的可视化、参数的动态调整以及测试过程的监控，能够在测试过程中快速响应，对控制策略进行微调和优化。dSPACE 的 ControlDesk 软件平台为用户提供了全面的实验和仿真功能，包括实时实验与监控、下载程序至硬件、实验过程中关键变量的实时观测和记录、标定控制算法中的参数和记录实验过程等。

ControlDesk 的多功能性使其成为汽车电子控制系统开发和测试的理想工具，包括虚拟 ECU 测试、快速控制原型（全路/旁路）测试、硬件在环仿真、ECU 测量、标定及诊断和总线系统交互等，如图 7-3 所示。

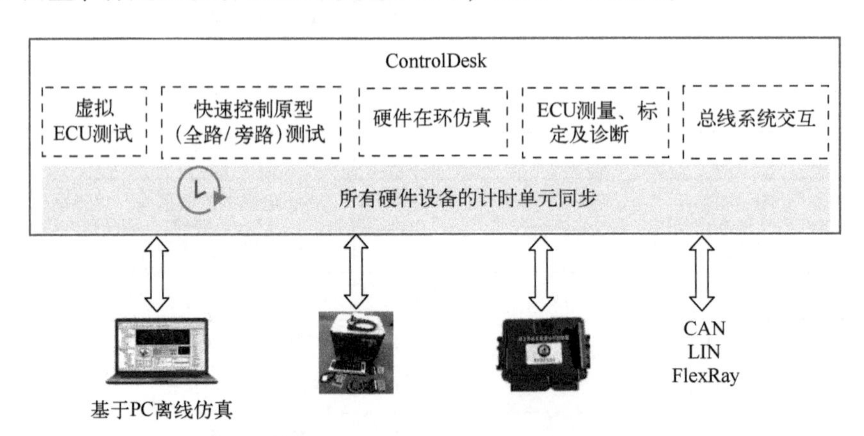

图 7-3　ControlDesk 功能概览

ControlDesk 软件平台为用户提供了一个多功能的测试环境，可以模拟从单个 ECU 到整个车辆系统的复杂交互，研究人员和工程师能够在不同的测试阶段和条件下，对 ECU 及其相关系统进行全面地评估和验证。

7.3　协同控制器的行为模型

协同控制器承担整车控制器的功能，并兼具多能源协调分配功能，其主要功能如图 7-4 所示。

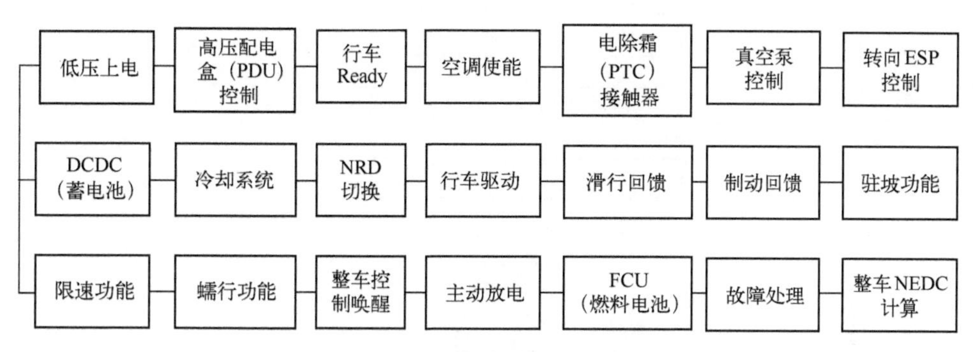

图 7-4　协同控制器的主要功能

基于 Simulink 软件平台，根据协同控制器的主要功能开发控制策略，设计其行为模型（models），包括输入层、控制层和输出层。

（1）输入层获取并处理数字量输入通道（DI）、模拟量输入通道（AI）和 CAN 总线接收模块（CAN_RX）传来的报文信号，并进行处理。

（2）控制层实现协同控制器控制策略，包括低压上下电、高压上下电、仪表充电连接指示灯、DC/DC、挡位、驱动、EPS、FCU、冷却系统和倒车灯等控制模块。

（3）输出层的主要功能是将数字量信号、模拟量信号分别通过输出数字量输出通道（DO）、模拟量输出通道输出（AO）至 HIL 系统，包括控制命令、状态信息和故障信息等的报文通过 CAN 总线发送模块（CAN_TX）发送到 HIL 系统。

各功能的实现通过 Simulink 建模、代码生成和代码集成下载至协同控制器。

7.4　协同控制器的 HIL 系统软件开发流程

根据协同控制器的硬件及行为模型给出协同控制器的 HIL 系统软件开发流程，如图 7-5 所示。

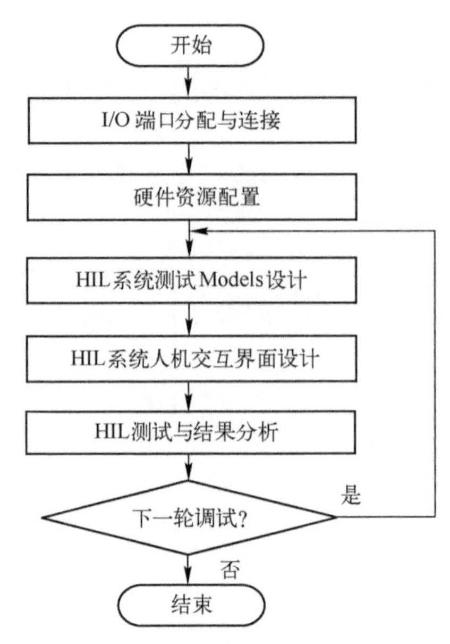

图7-5　协同控制器的HIL系统软件开发流程

7.5　I/O端口分配与连接

给出I/O端口分配表，再进行控制器I/O端口与HIL系统机柜I/O端口连接，并通过测试与验证。

1. I/O端口分配表

根据协同控制器输入输出信号（表6-2），合理分配I/O引脚，主要包含CAN通信引脚、SPI通信引脚、踏板输入引脚、PWM输出引脚和继电器控制引脚等，协同控制器引脚与HIL系统接线端子对应关系如表7-4所示。

表7-4　协同控制器引脚与HIL系统接线端子对应关系

协同控制器			HIL系统	
脚位	定义	功能描述	接线端子	功能描述
1	电源	12V常电	2-A1	POWER-12V常电
3	电源地1	车身地	2-A5/3-E4	GND-车身地
4	电源地2	车身地	1-E9	GND-车身地
5	电源地3	快充1插座1 12V-信号		GND-快充1插座1 12V-信号
7	模拟4	电子挡位信号采集1	3-E1	AO-电子挡位信号采集1

续表

协同控制器			HIL 系统	
脚位	定义	功 能 描 述	接线端子	功 能 描 述
8	模拟 1	电子挡位信号采集 2	3-E3	AO-电子挡位信号采集 2
10	高有效输入 11	ACC 挡电	3-B13	DO-ACC 挡电
11	高有效输入 7	ON 挡电	3-B14	DO-ON 挡电
13	高有效输入 9	R 挡	3-C13	DO-R 挡
15	高有效输入 1	D 挡	3-C14	DO-D 挡
22	CAN0L	整车 CAN0 低	CAN-A16	CAN0L-整车 CAN0 低
23	CAN1H	整车 CAN1 高	CAN-C15	CAN1H-整车 CAN1 高
24	CAN2H	整车 CAN2 高	CAN-E15	CAN2H-整车 CAN2 高
28	高有效输入 5	快充 1 插枪检测信号	3-D13	DO-快充 1 插枪检测信号
29	高有效输入 12	刹车信号输入	3-D14	DO-刹车信号输入
30	高有效输入 8	水泵故障诊断	3-E13	DO-水泵故障诊断
31	高有效输入 6	START 信号	3-E14	DO-START 信号
32	高有效输入 5	快充 2 插枪检测信号	3-A15	DO-快充 2 插枪检测信号
33	高有效输入 2	经济模式开关输入	3-A16	DO-经济模式开关输入
35	低有效输入 8	制动踏板副开关常地检测	3-B15	DO-制动踏板副开关常地检测
39	CAN 通信隔离地	CANGND 通信隔离地	CAN-B16\D16	39-CANGND
40	CAN 通信隔离地	CANGND 通信隔离地	CAN-A18	40-CANGND
41	CAN0H	整车 CAN0 高	CAN-A15	41-整车 CAN0 高
42	CAN1L	整车 CAN1 低	CAN-C16	42-整车 CAN1 低
43	CAN2L	整车 CAN2 低	CAN-E16	43-整车 CAN2 低
45	5V 输出 1	+5V 电源 1	1-A1	AI-+5V 电源 1
46	5V 输出 2	+5V 电源 2	1-A3	AI-+5V 电源 2
58	点火信号	ACC 挡电	3-B16	DO-ACC 挡电
64	信号地 2	GND2	3-E2/3-E9	64-地
65	信号地 1	GND1	1-A2	65-地
73	电源地 3	快充 2 插座 1 12V-信号	1-A4	73-快充 2 插座 1 12V-信号
86	正控 1	冷却风扇低速继电器控制	1-A9	DI-冷却风扇低速继电器控制

续表

协同控制器			HIL 系统	
脚位	定义	功能描述	接线端子	功能描述
87	正控 2	水泵继电器控制	1-A10	DI-水泵继电器控制
94	正控 6	水泵转速控制	1-C11	PWM_IN-水泵转速控制
95	负控 2	主接触器 1 控制	1-B9	DI-主接触器 1 控制
104	负控 3	预充继电器 1 控制	1-B10	DI-预充继电器 1 控制
105	负控 4	PTC 接触器控制	1-C9	DI-PTC 接触器控制
110	负控 1	快充接触器 1 控制	1-A11	DI-快充接触器 1 控制
112	正控 5	冷却风扇高速继电器控制	1-C10	DI-冷却风扇高速继电器控制
114	正控 10	倒车继电器控制	1-D9	DI-倒车继电器控制
115	负控 2	主接触器 2 控制	1-A12	DI-主接触器 2 控制
116	负控 1	快充接触器 2 控制	1-B11	DI-快充接触器 2 控制
117	负控 3	预充继电器 2 控制	1-B12	DI-预充继电器 2 控制
118	正控 18	12V 低压主继电器控制	1-D10	DI-12V 低压主继电器控制

2. 电气连接

采用 HIL 系统配置的专用断线盒和连接线，根据表 7-4 协同控制器引脚与 HIL 系统接线端子对应关系，考虑信号的类型、传输距离、电磁干扰（electromagnetic interference，EMI）防护和机械强度，完成电气连接，如图 7-6 所示。

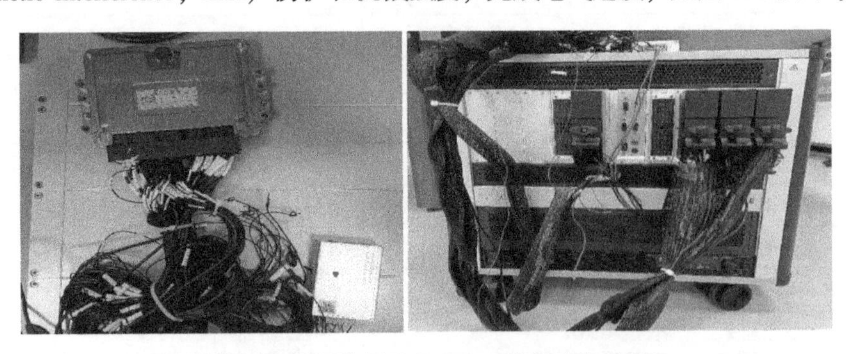

图 7-6　协同控制器与 HIL 系统的电气连接

3. 测试验证

检查所有的信号能否正确传输，无短路或断路的情况。通过 HIL 系统对控制器端口进行功能测试，验证端口分配和连接是否正确，协同控制器能否正常接收来自 HIL 系统的信号并发送响应。

7.6　硬件资源配置

硬件资源配置是 HIL 测试中的一个关键步骤，在 ConfigurationDesk 软件平台上完成。采用基于 ConfigurationDesk 的硬件资源配置方法，完成协同控制器 I/O 配置。

7.6.1　硬件资源配置方法

ConfigurationDesk 软件操作界面如图 7-7 所示。

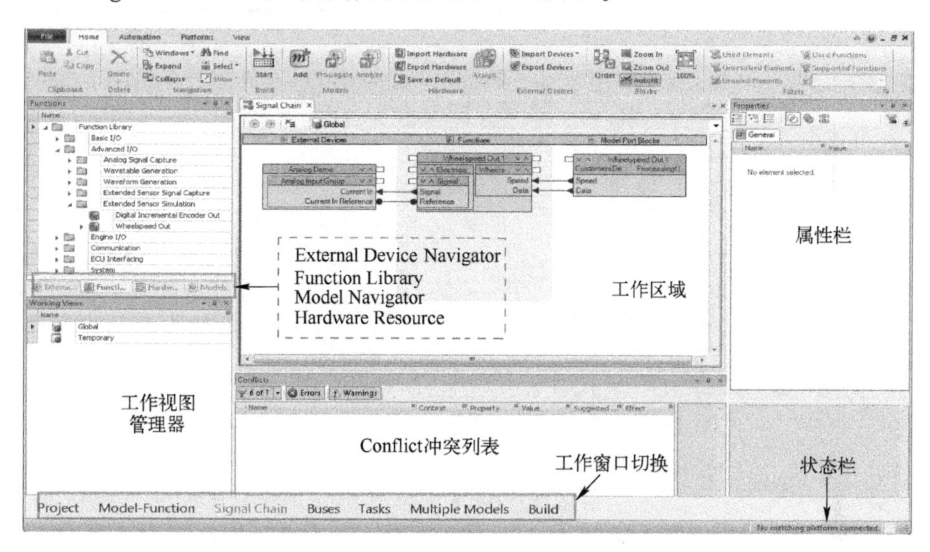

图 7-7　ConfigurationDesk 软件操作界面

基于 ConfigurationDesk 的硬件资源配置流程如图 7-8（a）所示，具体方法如下：

（1）创建一个 Project 和一个 Application；

（2）在 Project 中构建信号流 Signal Chain。在 Signal Chain 中，集成硬件拓扑、分配 I/O 资源、配置 I/O 功能模块，并最终添加模型接口；

（3）生成 I/O 模型接口并进行映射；

（4）配置模型的可执行任务，形成包含 I/O 接口模型和行为模型的运行时模型；

（5）编译模型生成可执行文件，为 HIL 测试做好准备。

基于 ConfigurationDesk 的硬件资源设计流程如图 7-8（b）所示。

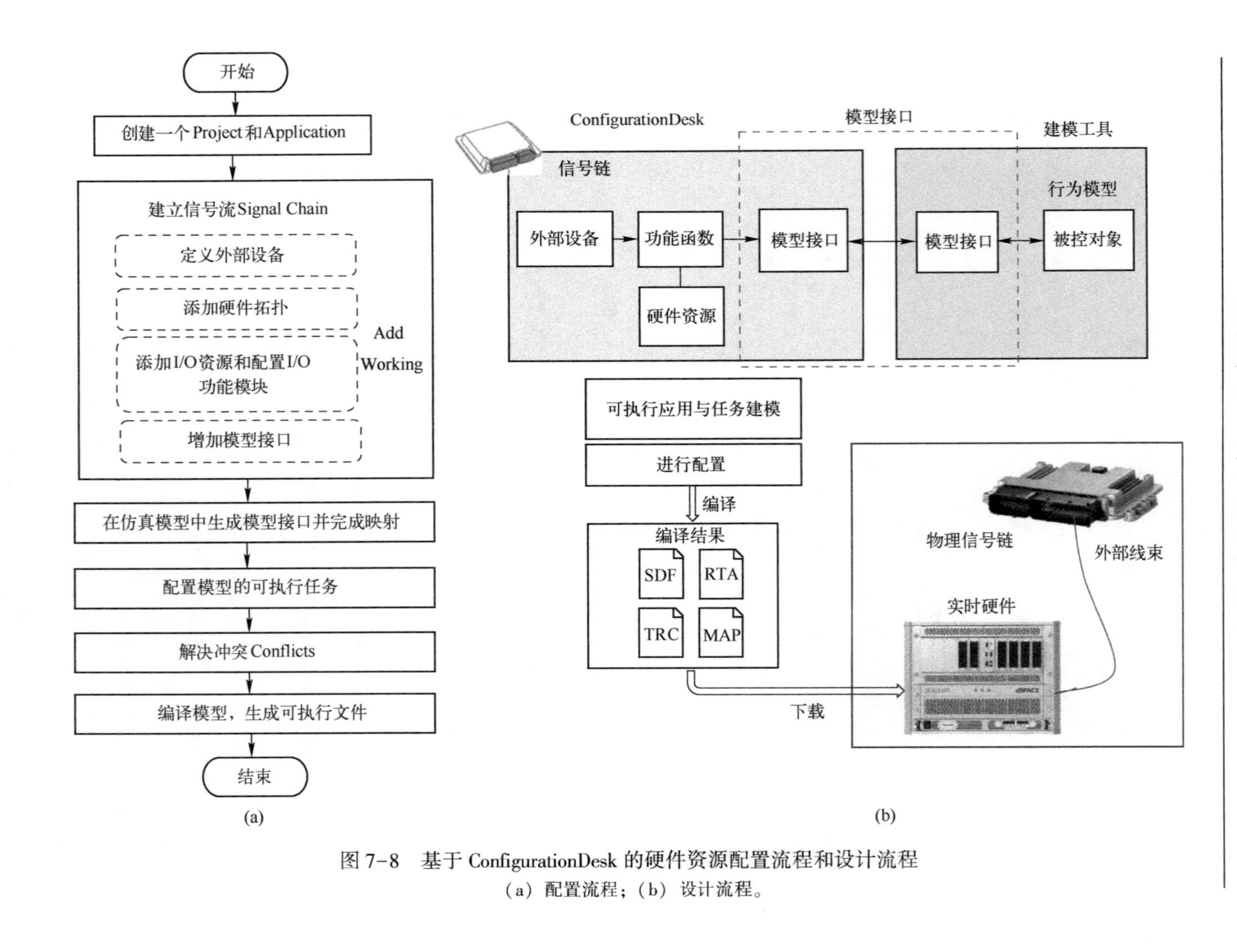

图 7-8 基于 ConfigurationDesk 的硬件资源配置流程和设计流程

（a）配置流程；（b）设计流程。

由图 7-8 可知，模型接口可以由 ConfigurationDesk 创建，也可以通过分析原有模型来创建。这一流程的设计旨在确保从模型构建到硬件配置的每一步都能够精确控制，从而使最终的测试结果既可靠又有效。通过 ConfigurationDesk 的高效配置，工程师能够快速地将控制策略从模拟环境转移到实际的硬件测试中，加快了从概念到实际操作的转变过程。

7.6.2　HIL 系统 I/O 配置

根据协同控制器引脚与 HIL 系统接线端子对应关系（表 7-4），以及控制器需求设计中对每个引脚的电气特性要求，采用硬件资源配置方法，在 ConfigurationDesk 中对 HIL 系统各引脚进行硬件资源配置，配置模块主要包括数字量输入模块、数字量输出模块、模拟量输入模块、模拟量输出模块和 CAN 总线模块等。

HIL 系统 I/O 配置模型如图 7-9 所示。Functions 模块确定 HIL 系统机柜信号输入、输出及通信引脚；Model Port Blocks 将硬件引脚映射至模型端口，为后续 MATLAB/Simulink 设计的测试模型输入、输出信号提供连接端口。

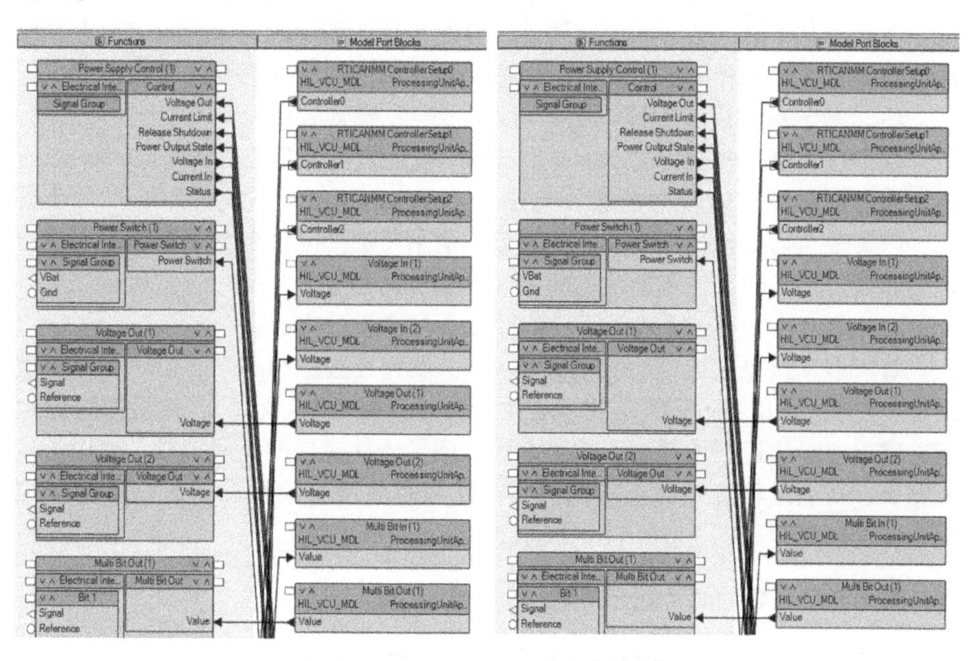

图 7-9　HIL 系统 I/O 配置模型图

7.7 HIL 系统测试 Models 设计

在进行 HIL 测试时，构建测试行为模型是关键步骤之一，通常在 MATLAB/Simulink 环境中完成。采用接口层模型拓扑（Model Topology）设计方法，依次完成 HIL 系统测试模型的顶层结构、整车动力学实时仿真模型 MDL 模块、HIL 系统 I/O 管理模型 PIN 模块、CAN 通信管理模型 BusSystems 模块和汽车仿真模型（automotive simulation models，ASM）与协同控制器接口模型等 HIL 系统的 Models 设计。

7.7.1 接口层 Model Topology 设计方法

行为模型（也称为“Models”）是控制器控制策略的具体实现，它能够模拟控制器在实际工作条件下的行为。设计行为模型的接口层 Model Topology 也就是 Model ports 的方法，主要有基于行为模型的接口层 Model Topology 设计方法和基于 I/O 接口的接口层 Model Topology 设计方法。两种方法各有优势，选择哪一种取决于项目的具体需求。基于行为模型的方法注重算法的开发和测试，而基于 I/O 接口的方法侧重硬件接口的兼容性和集成。在实际应用中，根据项目的不同阶段和需求，灵活运用这两种方法来构建和测试控制器模型。

（1）基于行为模型的接口层 Model Topology 设计方法。

基于行为模型的接口层 Model Topology 设计方法是指在 MATLAB/Simulink 中，先行构建详尽的行为模型，再通过 ConfigurationDesk 添加必要的 I/O 模块，以实现与物理设备的交互。这种方法适用于那些已经定义了明确输入输出信号和需要精确测试控制算法的场景，其设计流程如图 7-10（a）所示。

（2）基于 I/O 接口的接口层 Model Topology 设计方法。

基于 I/O 接口的接口层 Model Topology 设计方法从 Simulink 中的空白模型出发，先在 ConfigurationDesk 中配置与硬件相匹配的 I/O 模块，然后根据控制策略需求逐步构建行为模型。这种方法强调了硬件接口的早期集成，确保了控制器设计在满足特定硬件要求的同时，能够高效地与物理设备进行通信和控制，其设计流程如图 7-10（b）所示。

7.7.2 HIL 系统测试模型的顶层结构

构建测试 Models 通常包括开发被控对象的实时仿真模型，这些模型能够模拟实际的物理行为，如电机模型、电池模型、车辆动力学模型等。这些模型需要足够精确，以便在测试中提供真实的响应。构建的整车及多能源动力系统

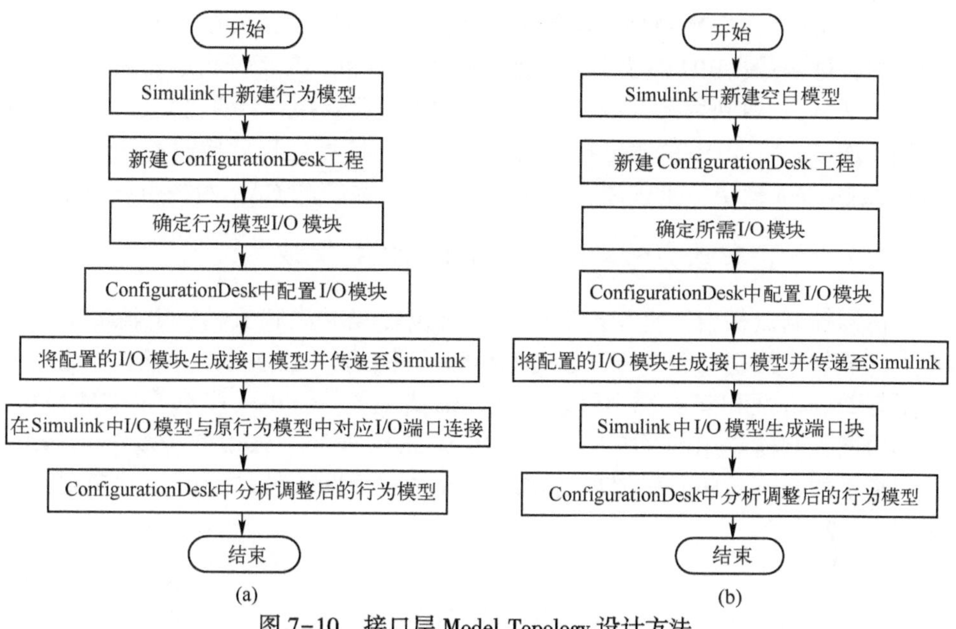

图 7-10　接口层 Model Topology 设计方法
（a）基于行为模型；（b）基于 I/O 接口。

HIL 平台有 dSPACE 公司提供的车辆动力学实时模型 ASM，它是一种开放式 Simulink 模型，用于仿真内燃机、车辆动力学、电气组件和交通环境的工具套件，适用于车辆动力学特性的实时仿真。该模型通常用于在 HIL 系统上对电控单元（ECU）进行硬件在环测试，或在控制器算法的设计阶段通过离线仿真进行早期验证。

协同控制器硬件在环测试时，HIL 系统测试模型的顶层结构如图 7-11 所示，主要包括 I/O 管理模型 PIN、CAN 通信管理 BusSystems 和整车动力学实时仿真模型 MDL 3 个模块。

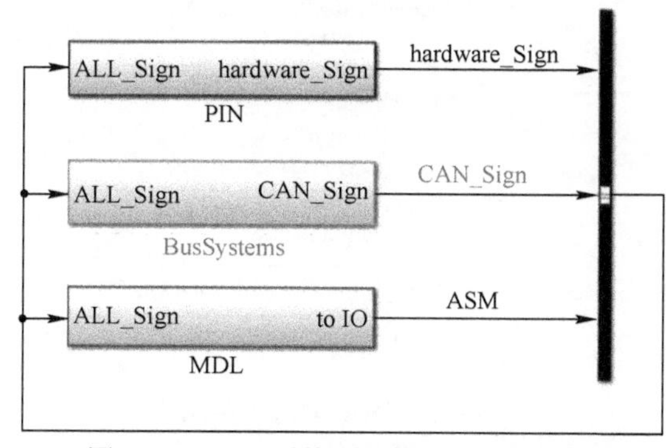

图 7-11　HIL 系统测试模型的顶层结构

MDL 是基于 ASM 模型搭建的车辆动力学实时模型，模拟车辆实际运行中产生的各种信号；PIN 模块负责管理协同控制器和 HIL 系统机柜的映射 I/O 端口（表 7-4），将映射输入端口信号进行数据类型转换和计算处理，与 MDL 输入端口连接，将 MDL 的输出端口信号经放大、计算处理后传递给映射输出端口；BusSystem 模块负责管理协同控制器与 HIL 系统的 CAN 网络信息交互。

7.7.3 整车动力学实时仿真模型 MDL 模块

协同控制器相当于整车控制器，针对包含锂电池和氢燃料电池的电动汽车，完成整车控制功能，协调锂电池和氢燃料电池的能量分配，使整车运行具有更好的经济性和安全稳定性。因此，需要基于 Simulink 平台和 ASM 模型，构建协同控制器应用的整车实时仿真模型 MDL 模块，该模型是基于 dSPACE 公司提供的示例程序，根据项目需求进行二次开发所得。MDL 模型顶层结构如图 7-12 所示。

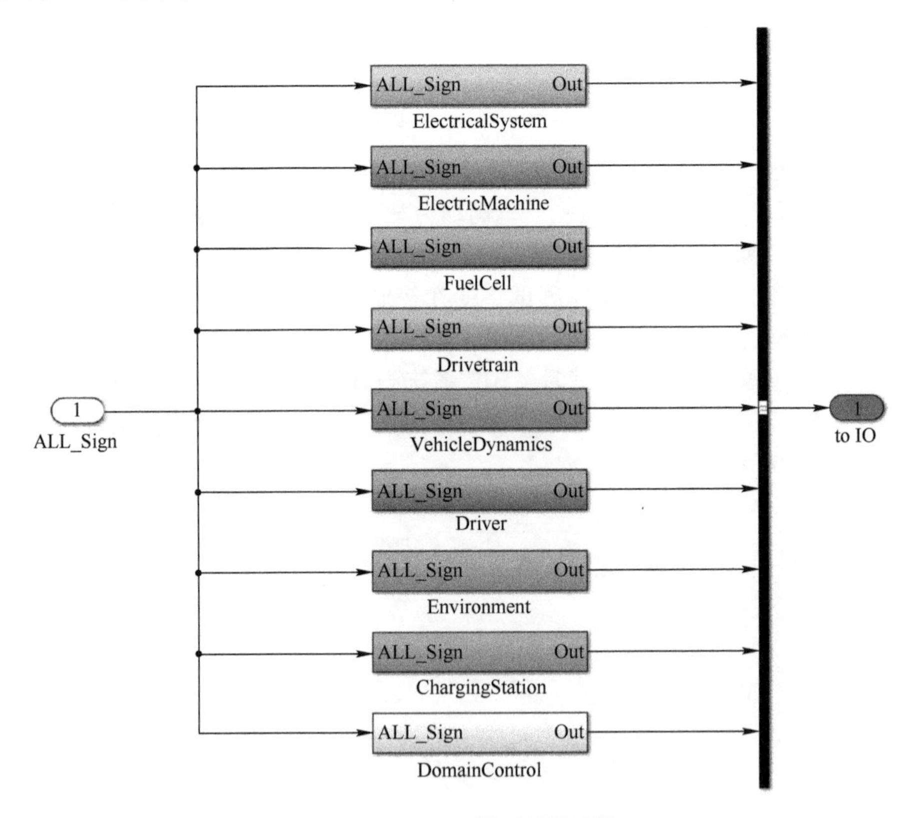

图 7-12　MDL 模型顶层结构

在图 7-12 中，ElectricalSystem 模型包含 DC/DC、锂电池及其充放电、空调等子模型；ElectricMachine_Front 和 ElectricMachine_Rear 分别是前驱电机和后驱电机模型；FuelCell 是燃料电池模型，模拟燃料电池的发电效率、响应时间和耐久性，以及在不同工况下的输出稳定性；Drivetrain 是传动模块，包含 FRONT_DIFFERENTIAL 和 REAR_DIFFERENTIAL；VehicleDynamics 是车辆动力学模型；Driver 为驾驶模型；Environment 模型可模拟不同的温度、压力、海拔和道路条件；ChargingStation 为充电站模型；DomainControl 是域控制器模型。根据项目实际调整或修改各子模型及其参数，即可获得测试所需的整车实时模型，大大减少了开发工作量和时间。

7.7.4 HIL 系统 I/O 管理模型 PIN 模块

在 dSPACE 的 HIL 测试系统中，HIL 系统 I/O 管理模型 PIN 模块负责管理所有输入、输出信号的流动和处理，其顶层结构如图 7-13 所示。

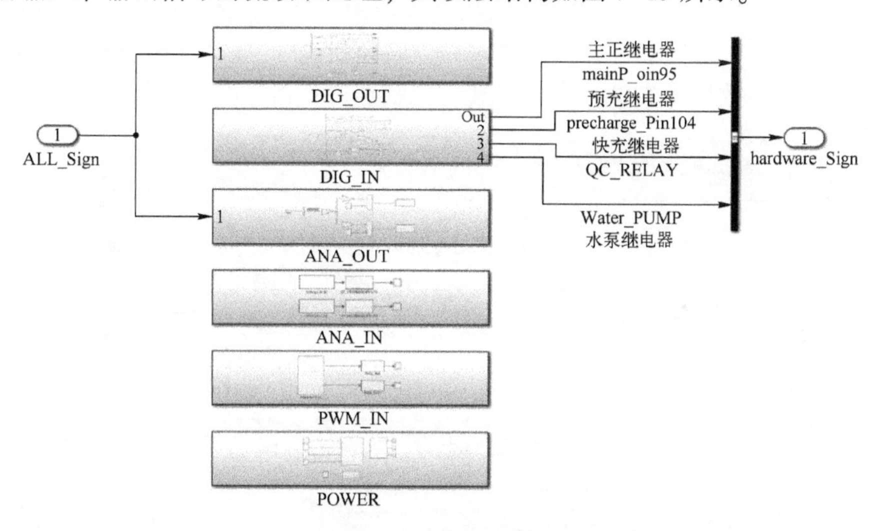

图 7-13　PIN 模块顶层架构

PIN 模块包含数字量输入 DIG_IN、数字量输出 DIG_OUT、模拟量输入 ANA_IN、模拟量输出 ANA_OUT、PWM 波输入 PWM_IN 和电源 POWER 等模块，来分类管理 HIL 系统 I/O 的输入、输出信号。

7.7.5 CAN 模块的硬件配置与 Model 设计方法

1. 硬件资源配置方法

采用硬件资源配置方法设计 CAN 模块的 I/O 接口模型，并将模型接口与

CAN 模块的 I/O 端口相连。CAN 模块的硬件资源配置如图 7-14 所示。

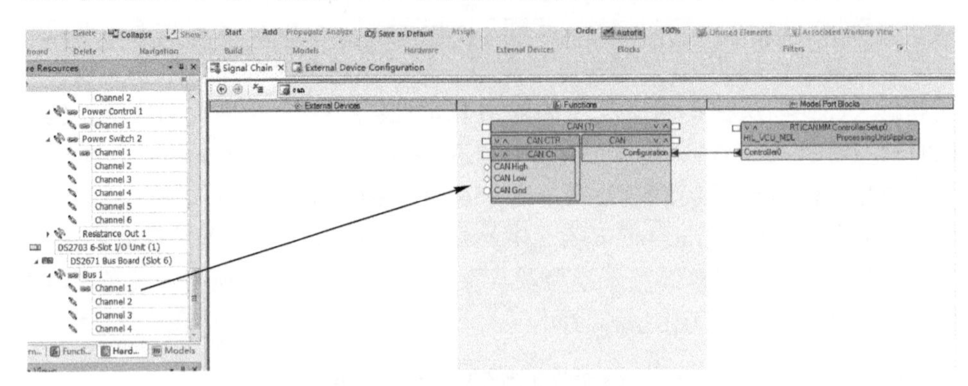

图 7-14　CAN 模块的硬件资源配置

2. CAN 模块的 Model 设计方法

采用 dSPACE 公司的 CAN 总线仿真模块组（RTI CAN MultiMessage Blockset，图 7-15）设计 CAN 模块的 Model。该模块基于 MATLAB/Simulink 平台，方便导入 dbc 数据库文件，实现与其他控制器进行报文的发送和接收。

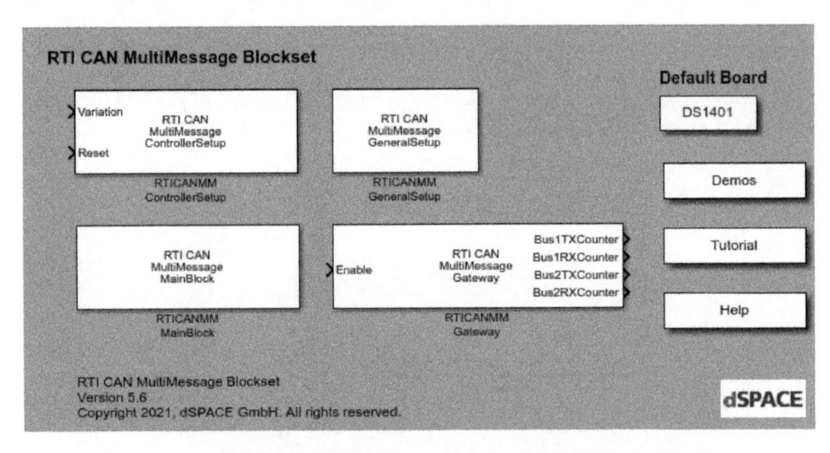

图 7-15　CAN 总线仿真模块组（RTI CAN MultiMessage Blockset）

RTI CAN MultiMessage Blockset 模块主要包括 RTICANMM ControllerSetup、RTICANMM GeneralSetup 和 RTICANMM MainBlock 3 个部分。

RTICANMM ControllerSetup 模块初始化 CAN 总线控制器，并定义与 CAN 通道相关的 *S* 函数和全局变量，负责设置 CAN 控制器的通信参数，如波特率、采样模式、位时序参数等，并支持从 DBC、FIBEX 和 AutoSAR 文件中导入 CAN 描述。这样，可以为每个控制器配置其特定的通信设置，确保与 HIL 系统中的相应通道正确匹配。

RTICANMM GeneralSetup 模块完成生成文件的路径设置以及所有模块的必要数据定义，支持多种数据库文件，允许同时使用多个数据库文件，并且可以在运行时切换不同的数据库文件变体。RTICANMM MainBlock 模块根据设置生成 *S* 函数，并生成与 Simulink 通信的接口，管理 CAN 消息，允许从单个 Simulink 块控制和配置 CAN 消息，支持动态更改通信行为（如信号操纵、错误模拟/检测）。

在 Simulink 开发环境中，将相关模块拖入已建立的模型，与报文数据库 . dbc 文件结合，设计 CAN 通信中接收和发送报文信息的模块。

7.7.6　CAN 通信管理模型 BusSystems 模块

采用 CAN 模块的硬件配置与 Model 设计方法所设计 CAN 通信管理模型 BusSystems 模块（图 7-11），负责管理协同控制器与 HIL 系统之间通过 CAN 网络进行的信息交互，该模块包含 3 个 CAN 控制器 Controller0 到 Controller2，硬件连接分别对应 CAN0 到 CAN2 接口，如图 7-16 所示。

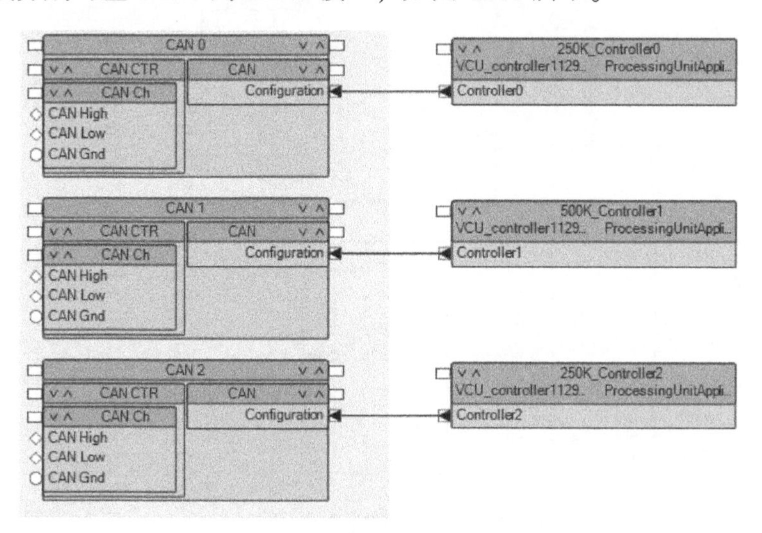

图 7-16　CAN 模块的接口模块

Controller0 和 Controller2 的波特率均为 250kBd，Controller1 的波特率为 500kBd。协同控制器 CAN 接口的发送（接收）信号即为 HIL 系统对应接口的接收（发送）信号。Controller0 的模型设计如图 7-17 所示，Controller1 和 Controller2 的配置模块一样。

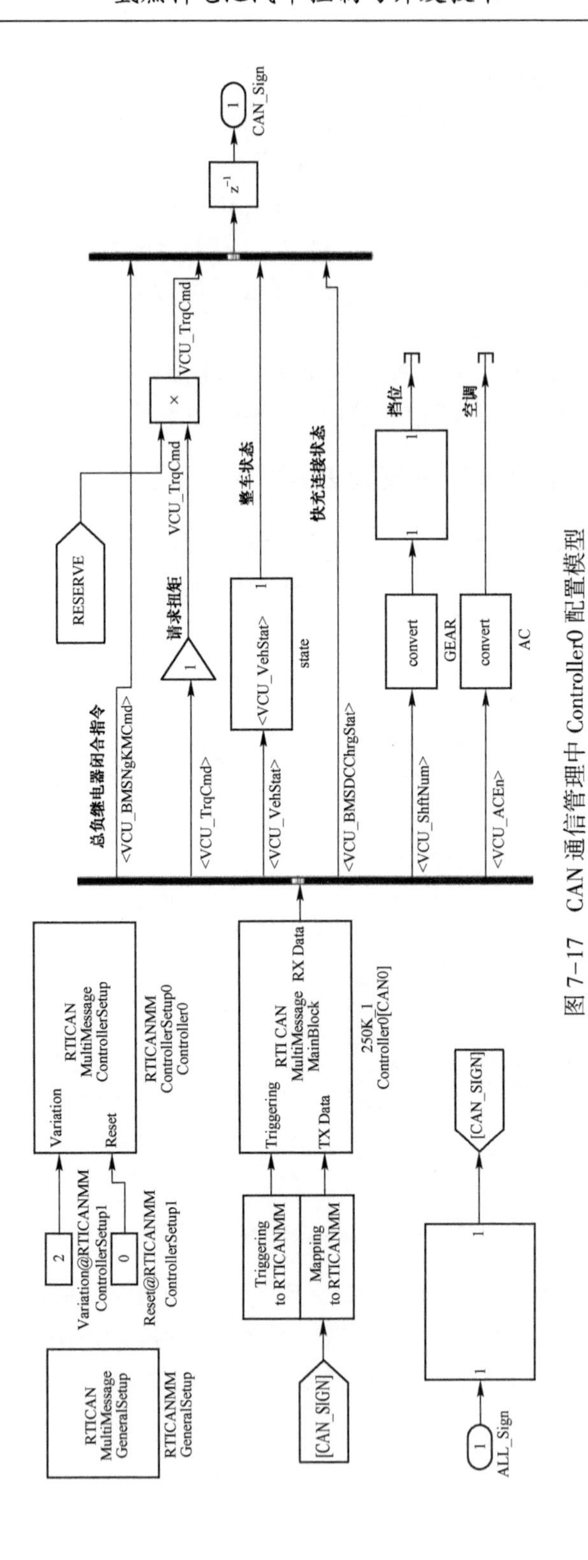

图 7-17 CAN 通信管理中 Controller0 配置模型

至此，HIL 系统的测试模型设计完毕，调试没有错误后导入 ConfigurationDesk 软件平台中与硬件资源配置结合，编译后可供 ControlDesk 软件平台调用。

7.8　HIL 系统人机交互界面设计

在 Control Desk 软件平台上，采用 HIL 系统人机交互界面设计方法，完成 HIL 系统人机交互界面设计，包括实时实验、下载程序至硬件、运行观测变量、标定参数和记录实验过程。

7.8.1　HIL 系统人机交互界面设计方法

在 ControlDesk 界面，用户可以对工程进行自定义操作，界面中提供菜单条、工程管理、测量配置、总线控制、界面管理、控件管理、变量管理、记录数据管理、硬件管理、Python 解释器、使用日志、运行状态、属性配置和控件库。

测试 Models 设计时已选择了 CAN 通信的发送与接收信号以及 IO 信号，根据信号类型在 ControlDesk 软件平台中选择直观合适的状态检测控件和参数设置控件，进行人机交互界面设计，构建一个既直观又功能全面的用户界面，有效地展示系统的关键信号状态。

HIL 系统人机交互界面设计流程如图 7-18 所示。

在 ControlDesk 软件中进行人机交互界面设计时，确保信号类型的正确识别和相应控件的选择对于创建直观有效的界面至关重要。

人机交互界面布局的控件选择一般原则如下。

1. 确定信号类型

确定信号是用于显示状态还是参数设置。前者反映系统状态的信号，如开关状态、设备运行/停止、目前车速等；后者用于用户输入或调整系统参数的信号，如启动/停止命令、模式选择、油门开度等。

2. 确定信号特性

确定信号是开关状态还是数值参数。开关状态信号如总负接触器闭合、总正接触器闭合等，数值参数信号如电池组当前最大允许充电功率、电池剩余电荷状态等。

3. 选择控件

根据信号的特性和用途选择合适的控件，通常使用 LED 灯控件来显示

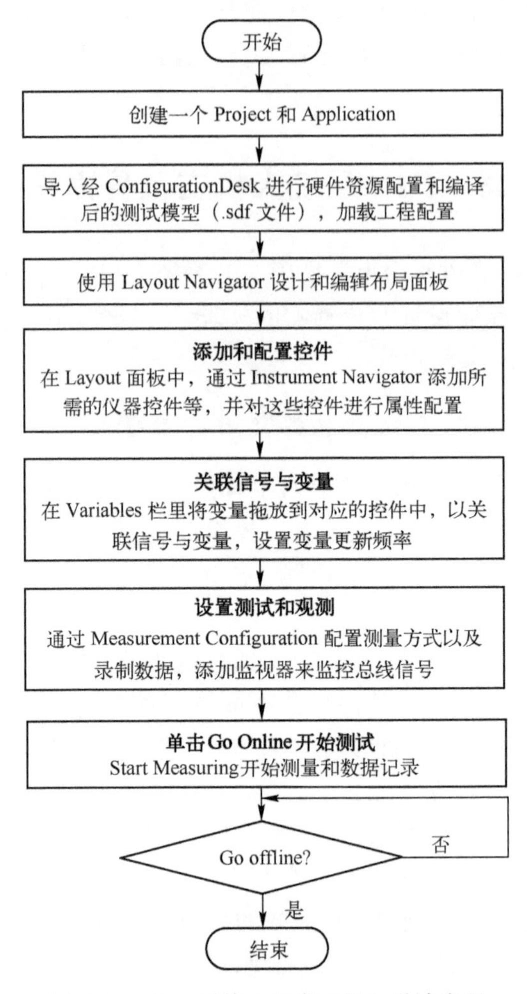

图 7-18　HIL 系统人机交互界面设计流程

开关状态信号，如总负接触器闭合、总正接触器闭合等；使用 Button 控件来直观显示二元状态参数设置信号，如总负接触器关断请求、总正接触器关断请求等；使用 Display 控件来显示状态数值信号，如车速、里程等，也可以用 Gauge 控件来显示；使用 Numeric Input 控件来允许用户输入或调整数值信号，如油门、刹车踏板等，也可以用 Sliderbar 控件。同一个信号可以根据需要选择不同的控件，设计者可以根据实际情况和个人习惯确定最合适的控件类型。

4. 布局和参数设置

根据功能逻辑对控件进行布局，并进行必要的参数设置，以确保控件能够正确反映信号的状态和数值。

7.8.2　驾驶模拟操作与监测人机界面设计

采用 HIL 系统人机交互界面设计方法，选用 Standard Instrument 中的 LED 灯控件（MultiState Display）、Display 控件、dSPACE Battery analog（Volt）控件、Selection Box 控件、Numeric Input 控件以及 Check Button 控件等，设计驾驶模拟操作与监测人机界面，如图 7-19 所示。

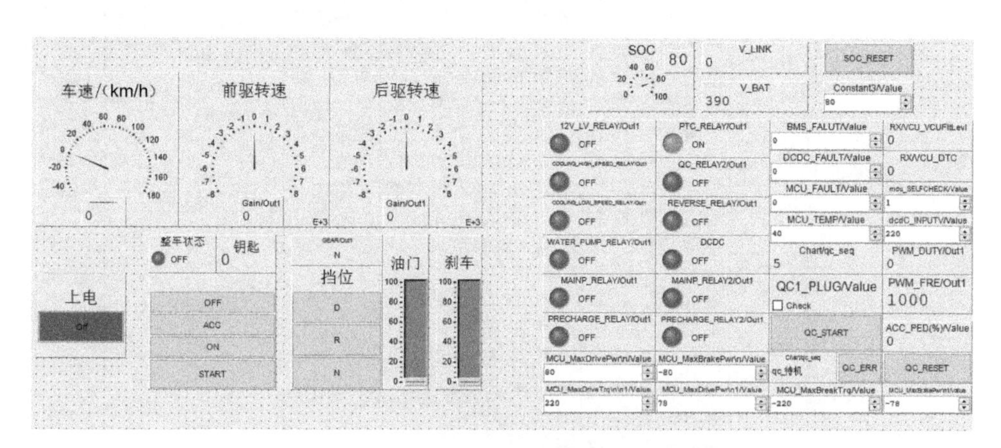

图 7-19　驾驶模拟操作与监测人机界面

7.9　实例——协同控制器基本功能的硬件在环测试

按 HIL 测试工作流程，进行协同控制器（VCU）的硬件在环测试，以验证协同控制器的功能、性能、故障诊断和极限工况测试，确保协同控制器在真实车辆环境中的安全性和可靠性。在开始测试之前需制定完整的测试方案和测试用例，正确设计 HIL 测试用例是保证测试有效性和高效性的关键。

7.9.1　HIL 测试用例设计

测试用例通常用一个 Excel 电子表格来描述，表 7-5 是一个简单测试用例样例，具体需要根据控制器的功能和相关技术规范来确定。

表 7-5 测试用例样例

测试用例编号	用例名称	测试准备	测试步骤	预期结果	实际结果	测试结果	备注	测试时间	测试人员
TC_VCU_1	VCU基本功能测试	(1)确认VCU系统已经完成初始化。 (2)检查所有传感器、执行器和其他相关硬件连接正常。 (3)确保测试环境(如车辆模型、仿真环境)已准备就绪	(1)模拟驾驶员加速请求。输入:模拟加速踏板信号从0%逐渐增加至100%。 (2)验证VCU对加速踏板信号的响应。输入:模拟不同的加速踏板位置,包括从静止状态开始加速。 (3)模拟驾驶员制动请求。输入:模拟制动踏板信号从0%逐渐增加至100%。 (4)验证VCU对制动踏板信号的响应。输入:模拟不同的制动踏板位置,包括从行驶状态开始减速	(1)VCU应逐渐增大输出扭矩信号,以驱动电机。 (2)VCU应正确解析加速请求,输出相应的扭矩控制信号。 (3)VCU正确解析制动请求,应减小输出扭矩信号。 (4)VCU应根据踏板位置减少输出扭矩,并激活制动系统,直至车辆停止	测试执行后实际观察到的结果,由测试执行人员在测试完成后填写	分析预期结果和实际结果,确定测试是否通过,如“通过”、“失败”或“未执行”	记录测试过程中发现的问题、特殊情况的说明或其他相关信息	记录测试执行的具体时间	记录执行测试的人员信息

7.9.2 协同控制器基本功能的HIL测试结果

图7-20是模拟驾驶员加速请求测试过程的一个人机交互界面状态图,图7-21是模拟驾驶员制动请求过程的一个人机交互界面状态图。

测试结果表明,协同控制器基本功能满足设计要求,具体如下:

(1)加速和制动功能测试均正常;

(2)测试用例编号TC_VCU_1通过,表明协同控制器能够正确响应加速和制动请求,输出符合预期的控制信号;

(3)测试过程中未观察到异常行为,所有关键性能指标均在规定的范围内。

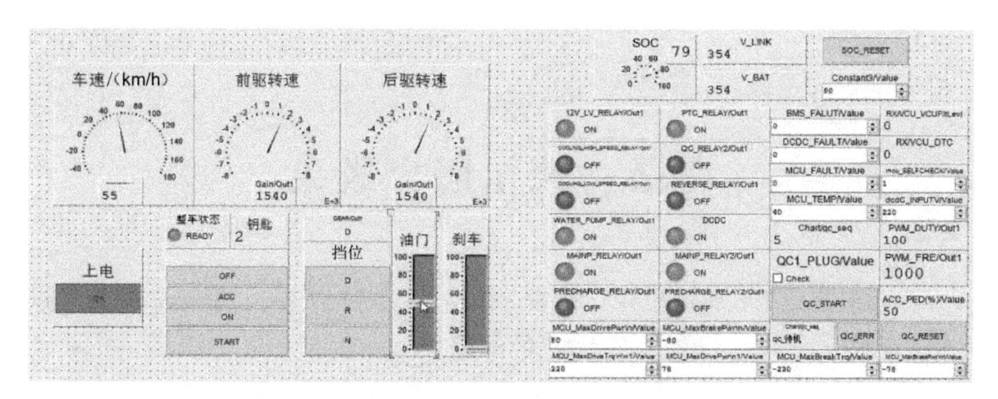

图 7-20　启动加速行驶测试人机交互界面显示

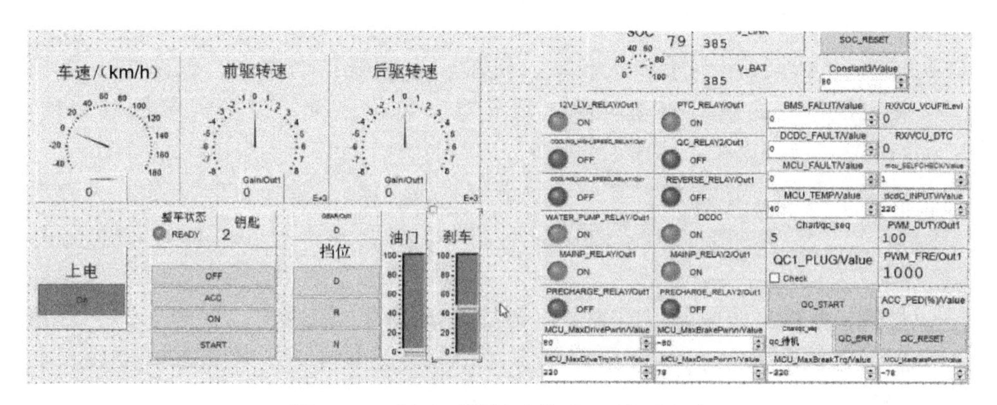

图 7-21　制动时测试人机交互界面显示

附录：技术研究成果

技术研究成果：国家授权专利 13 项（发明专利 12 项）；登记软件著作权 6 项；发表学术论文 27 篇，其中 EI 检索 21 篇。

附录 1-1 授权专利

[1] 陈静，肖纯，田韶鹏，王宇宁，杨灿，秦国峰，李志华，郭正阳．氢燃料电池汽车的电机驱动与锂电池充电一体化系统，授权实用新型专利，ZL202022943566.1，2021.09.21.

[2] 陈静，肖纯，田韶鹏，王宇宁，杨灿，秦国峰，潘峰，李光强．一种氢燃料电池汽车的速度控制方法，授权发明专利，ZL202011528620.4，2022.03.01.

[3] 肖纯，陈静，田韶鹏，王宇宁，杨灿，秦国峰，周胜文，程南丁．一种氢燃料电池的氢气空气协调控制方法，授权发明专利，ZL202011529085.4，2022.05.03.

[4] 肖纯，陈静，田韶鹏，刘欢，王雯静，伍炜，徐诚博．一种基于弱磁控制的汽车永磁同步电机的调速方法，授权发明专利，ZL202110484846.7，2022.05.03.

[5] 陈静，肖纯，田韶鹏，潘峰，王伟东，程荣，余肖，周炳寅．一种动力系统多能源协同控制方法，授权发明专利，ZL202110483001.6，2022.06.14.

[6] 陈静，伍炜，肖纯，刘孟杰，杨牧，高嘉伟，游思一郎．一种应用于氢燃料汽车的 DC/DC 变换器滑模控制方法，授权发明专利，ZL202210787012.8，2022.10.14.

[7] 陈静，杨牧，肖纯，刘孟杰，游思一郎，高嘉伟，杨湖川，赵俊杰，杨从鼎，王卓．一种基于反步超螺旋的 DC/DC 变换器控制方法及系统，授权发明专利，ZL202310702079.1，2023.08.22.

[8] 肖纯，陈静，刘孟杰，孙兴鹏，周炳寅，王伟东，袁瑞腾，喻茂．基于 AutoSAR 的程序配置方法、系统、设备及介质，授权发明专利，ZL202210274576.1，2023.11.21.

[9] 肖纯，刘岩，陈静，刘孟杰，万昱，易子淳，李锦，张少睿，邓钦豪．一种质子交换膜燃料电池空气供给系统的控制方法及装置，授权发明专利，ZL202310647040.4，2024.03.01.

[10] 肖纯 周炳寅 陈静 易子淳 刘岩 万昱 杨牧．基于鸽群优化算法的氢燃料电池汽车能量管理方法及系统，授权发明专利，ZL202310261979.7，2024.04.26.

[11] 陈静，徐诚博，肖纯，刘孟杰，游思一郎，杨牧，高嘉伟．一种永磁同步电机矢量控制方法，授权发明专利，ZL202210756161.8，2024.06.25.

[12] 刘孟杰，陈静，肖纯，杨牧，刘岩，高嘉伟，易子淳，游思一郎，万昱．一种氢燃料电池汽车的整车控制策略开发测试方法及装置，授权发明专利，ZL202211625409.3，2024.06.25.

[13] 田韶鹏，陈静，肖纯，王宇宁，杨灿，秦国峰，蓝贤宝，陈正龙．一种混合动力汽车线控驱动与制动协调控制方法，授权发明专利，ZL202011517071.0，2022.05.03.

附录 1-2　软件著作权

[14] 基于 AutoSAR 的多能源协同控制器驱动及其调试软件 V1.0，软著登字第 9526597 号，2022.05.11.

[15] 氢燃料电池汽车九点控制能量管理软件 V1.0，软著登字第 10102344 号，2022.08.16.

[16] 基于教与学改进灰狼算法的参数优化软件 V1.0，软著字第 13307986 号，2024.07.01.

[17] 基于鲸鱼算法优化的变论域模糊控制软件 V1.0，软著字第 13875147 号，2024.10.08.

[18] 基于改进麻雀搜索算法的参数优化软件 V1.0，教著登字第 13875165 号，2024.10.08.

[19] 双向 DC/DC 变换器反步超螺旋滑模控制软件 V1.0，软著登字第 13997258 号，2024.10.23.

参 考 文 献

[1] LE T T, SHARMA P, BORA B J, et al. Fueling the future: A comprehensive review of hydrogen energy systems and their challenges [J]. International Journal of Hydrogen Energy, 2024, 54: 791-816.

[2] 高助威，李小高，刘钟馨，等. 氢燃料电池汽车的研究现状及发展趋势 [J]. 材料导报，2022，36 (14): 70-77.

[3] 熊洁，杨天峰，张剑，等. 一种基于电-电混合全功率氢燃料电池汽车动力系统方案设计 [J]. 机电工程技术，2022，51 (6): 72-77.

[4] ZHANG, M M, TENG Y, KONG H, et al. automatic modelling and verification of autosar architectures [J]. Journal of Systems and Software, 2023, 201 (C): 111675.

[5] 邹渊，马文斌，张旭东，等. 基于 AUTOSAR 的汽车控制器软件优化部署研究 [J]. 北京理工大学学报，2024，44 (11): 1192-1198.

[6] 张广孟，李增山，任科轩，等. 120kW 氢燃料电池系统设计与试验分析 [J]. 高校化学工程学报，2024，38 (5): 788-795.

[7] 周伟，陈旭乾，葛成华. 汽车电子电气架构的发展及趋势 [J]. 电子与封装，2024，24 (1): 78-85.

[8] 龚循飞，罗锋，邓建明，等. 基于 AUTOSAR 架构的新能源汽车控制器软件开发方法 [J]. 汽车实用技术，2023，48 (24): 5-9.

[9] 崔淑梅，张玉琦，杜博超，等. 一种基于 AUTOSAR 的电机控制器软件架构设计 [J]. 微特电机，2022，50 (6): 1-9.

[10] 高圣伟，王浩，王议锋，等. 多输入交错并联 Boost 变换器功率分配控制策略 [J]. 太阳能学报，2022，43 (12): 62-69.

[11] 王海燕. 基于改进变速趋近律的 DC/DC 变换器滑模控制方法研究 [J]. 电气传动，2022，52 (18): 35-39.

[12] 刘郑心，杜玖玉，于渤洋. 三开关双 Boost 高增益 DC/DC 变换器研究 [J]. 电源技术，2021，45 (8): 1082-1086.

[13] WU X, WANG J, ZHANG Y, et al. Review of DC/DC converter topologies based on impedance network with wide input voltage range and high gain for fuel cell vehicles [J]. Automotive Innovation, 2021, 4 (4): 351-372.

[14] 邹儒泉，何睿，高文根. 滑模控制在三相交错并联双向 DC/DC 变换器中的应用 [J]. 齐齐哈尔大学学报（自然科学版），2020，36 (1): 1-5.

[15] 吴琼，苏建徽，解宝，等．基于最大净功率输出的 PEMFC 阴极供气系统优化控制研究［J］．太阳能学报，2024，45（2）：283-290.

[16] LI M, YIN H, DING T, et al. Air flow rate and pressure control approach for the air supply subsystems in PEMFCs [J]. ISA transactions, 2022, 128: 624-634.

[17] 叶玺臣，章桐，刘毅．燃料电池系统阴极气体压力及流量闭环控制［J］．汽车技术，2022（6）：14-19.

[18] LI X, WEI H, DU C, et al. Control strategy for the anode gas supply system in a proton exchange membrane fuel cell system [J]. Energy Reports, 2023, 10: 4342-4358.

[19] 韦锦易，杨丽，彭友成，等．车用永磁同步电机矢量控制策略研究［J］．汽车零部件，2024（1）：26-32.

[20] 刘川，唐涛，王娜，等．基于 DSP-FPGA 永磁同步电机 MTPA 弱磁控制研究［J］．电力电子技术，2021，55（4）：16-19，25.

[21] LUCKINGE F, SAUTER T. Software-Based AUTOSAR-compliant precision clock synchronization over CAN [J]. IEEE Transactions on Industrial Informatics, 2022, 18 (10): 7341-7350.

[22] KHENFRI F, CHAABAN K, CHETTO M. Efficient mapping of runnables to tasks for embedded AUTOSAR applications [J]. Journal of Systems Architecture, 2020, 110: 101800.

[23] 刘宏倩．软件定义汽车时代下 AUTOSAR 助力中国汽车产业变革［J］．交通节能与环保，2024，20（3）：74-77.

[24] Hong D, Moon C, et al. Autonomous driving system architecture with integrated ROS2 and adaptive AUTOSAR [J]. Electronics, 2024, 13 (7): 1303.

[25] BODEI C, DE VINCENZI M, MATTEUCCI I. Formal analysis of an AUTOSAR-based basic software module [J]. International Journal on Software Tools for Technology Transfer, 2024, 26 (4): 495-508.

作 者 简 介

陈静，女，重庆人，博士，现为武汉理工大学自动化学院教授/博士生导师，仙湖实验室研究员。早年在设计院、工厂工作十多年，到香港理工大学合作研究三年，后到武汉理工大学任教，2004 年晋升为武汉理工大学教授，2005 年任武汉理工大学自动化学院副院长，2008 年成为博士生导师。主要研究方向是汽车电子与控制、智能控制、电能质量控制、电力传动与分布式控制等。自主研发成套装置，建有“湖北省电动机软起动工程技术研究中心”，在电机软起动技术和谐波治理研究方面处于国内领先水平。主持和参加了多项国家科技部项目和省部级项目，主持企业委托项目 30 余项，发表论文 100 余篇，其中被三大检索收录 30 余篇；专著 2 部，获得学术奖励 13 项、授权专利 60 余项，其中发明专利 30 余项。2020 年受武汉理工大学委派到仙湖实验室担任动力总成实验室副主任，从事氢能应用智能控制研究，包括氢燃料电池汽车、氨氢高温窑炉零碳燃烧和氢储能系统研究，申请发明专利 20 余项，其中授权发明专利 12 项。

肖纯，女，湖南娄底人，博士，现为武汉理工大学自动化学院教授，仙湖实验室研究员。主要从事智能控制、信息系统集成与故障诊断、新能源汽车电子控制等方向的研究，主持和参与多项国家、省市及企业科研课题和项目。2020 年受武汉理工大学委派到仙湖实验室从事研究工作，作为汽车电子控制方向主要研究人员，带领团队成员在基于英飞凌 MCAL 与 AutoSAR 分层架构融合的汽车电子控制器开发技术、新能源汽车 CAN 总线网络管理、多能源能量管理策略和氢燃料电池汽车控制技术研究方面发表学术论文 20 余篇，申请发明专利 20 余项，其中已授权发明专利 10 项，登记软件著作权 4 项。